21世纪 century 职业教育系列规划教材 全新升级版

计算机辅助设计

中文版AutoCAD

应用基础与案例

杜慧 赵凌 主编

U0306062

北京日报出版社

图书在版编目（CIP）数据

计算机辅助设计：中文版 Auto CAD 应用基础与案例 /
杜慧，赵凌主编. -- 北京：北京日报出版社, 2017.12
ISBN 978-7-5477-2699-0

Ⅰ. ①计… Ⅱ. ①杜… ②赵… Ⅲ. ①AutoCAD 软件
Ⅳ. ①TP391.72

中国版本图书馆 CIP 数据核字(2017)第 174923 号

计算机辅助设计 ： 中文版 Auto CAD 应用基础与案例

出版发行：北京日报出版社
地　　址：北京市东城区东单三条 8-16 号东方广场东配楼四层
邮　　编：100005
电　　话：发行部：（010）65255876
　　　　　总编室：（010）65252135
印　　刷：北京京华铭诚工贸有限公司
经　　销：各地新华书店
版　　次：2017 年 12 月第 1 版
　　　　　2017 年 12 月第 1 次印刷
开　　本：787 毫米×1092 毫米　1/16
印　　张：17
字　　数：352 千字
定　　价：35.00 元

内 容 提 要

本书以实际应用为主线，精辟地讲解了中文版 AutoCAD 2015 的基本操作方法和辅助绘图技巧，主要内容包括：绘图基础入门、绘制二维图形、精确绘制图形、控制图形显示与图案填充、编辑图形对象、标注文本和尺寸、使用图块和外部参照、绘制三维图形、着色渲染与图形输出，并以案例实训的方式介绍了中文版 AutoCAD 2015 各种工具和命令的应用，具有很强的实用性和代表性。

本书采用由浅入深、图文并茂、任务驱动的方式讲述，既可作为高等院校、职业教育学校及社会计算机培训中心的规划教材，也可作为从事建筑或机械设计的人员的学习参考用书。

21世纪职业教育系列规划教材

编审委员会名单

主任委员：崔亚量

执行委员：太洪春　　柏　松　　谭予星　　王照

委　　员（以姓氏笔画为序）：

马国强	王大敏	牛俊祝	刘为玉	刘艳琴	闫　琰
芦艳芳	杜国真	杜　慧	李育云	李建丽	时晓龙
张　倩	范沙浪	卓　文	金应生	周月芝	郑桂梅
孟大淼	项仁轩	赵　凌	郜攀攀	秦红霞	耿相真
郭文亮	郭领艳	唐雪强	常淑凤	梁为民	梁玉萍
童红兵	暨百南				

前　言

中文版 AutoCAD 2015 是 Autodesk 公司推出的计算机辅助设计软件，它界面友好、功能强大、操作简便，已经被广泛应用到机械、建筑、电子、航天、造船、石油化工、土木工程、冶金、地质、气象、纺织、轻工、商业等各个领域，深受广大计算机辅助设计人员的青睐，是目前世界上优秀的计算机辅助设计软件之一。

高等职业教育不同于其他传统形式的高等教育，它既是我国高等教育的重要组成部分，也是适应我国现代化建设需要的特殊教育形式。它的根本任务是培养生产、建设、管理和服务第一线需要的德、智、体、美等全面发展的技术应用型专业人才，学生应在掌握必要的基础理论和专门知识的基础上，重点掌握从事本专业领域实际工作的基本知识和职业技能，因而对应这种形式的高等教育教材也应有自己的体系和特色。

为了适应我国高等职业教育对教学改革和教材建设的需要，我们根据《教育部关于加强高职高专教育人才培养工作的意见》的文件要求编写了本书。通过对本书的学习，读者可掌握中文版 AutoCAD 2015 的基本操作方法和应用技巧，并通过案例实训，提高岗位适应能力和工作应用能力。

本书最大的特色是以实际应用为主线，采用"任务驱动、案例教学"的编写方式，力求在理论知识"够用为度"的基础上，通过案例的实际应用和实际训练让读者掌握更多的知识和技能，学以致用。

本书共 10 章，主要内容包括：绘图基础入门、绘制二维图形、精确绘制图形、控制图形显示与图案填充、编辑图形对象、标注文本和尺寸、使用图块和外部参照、绘制三维图形、着色渲染与图形输出以及应用案例实训。

本书采用了由浅入深、图文并茂、任务驱动的方式讲述，既可作为高等院校、职业学校及社会计算机培训中心的规划教材，也可作为从事建筑或机械设计的人员的学习参考用书。

本书由杜慧、赵凌主编，参与编写的还有梁为民、张换平、郑桂梅、付维文等人，由于编者水平所限，且时间仓促，书中不足之处在所难免，恳请广大读者批评指正，联系网址：http://www.china-ebooks.com。

编　者

总　序

　　高等职业教育不同于其他传统形式的高等教育，它既是我国高等教育的重要组成部分，也是适应我国现代化建设需要的特殊教育形式。它的根本任务是培养生产、建设、管理和服务第一线需要的德、智、体、美等全面发展的技术应用型专业人才，学生应在掌握必要的基础理论和专门知识的基础上，重点掌握从事本专业领域实际工作的基本知识和职业技能，因而对应这种形式的高等教育教材也应有自己的体系和特色。

　　为了适应我国高等职业教育对教学改革和教材建设的需要，根据《教育部关于加强高职高专教育人才培养工作的意见》的文件要求，上海科学普及出版社、电子科技大学出版社、北京日报出版社联合在全国范围内挑选来自于从事高职高专和高等教育教学与研究工作第一线的优秀教师和专家，组织并成立了"21世纪职业教育系列规划教材编审委员会"，旨在研究高职高专的教学改革与教材建设，规划教材出版计划，编写和审定适合于各类高等专科学校、高等职业学校、成人高等学校及本科院校主办的职业技术学院使用的教材。

　　"21世纪职业教育系列规划教材编审委员会"力求本套教材能够充分体现教育思想和教育观念的转变，反映高等学校课程和教学内容体系的改革方向，依据教学内容、教学方法和教学手段的现状和趋势精心策划，系统、全面地研究高等院校教学改革、教材建设的需求，倾力推出本套实用性强、多种媒体有机结合的立体化教材。本套教材主要具有以下特点：

　　1. 任务驱动，案例教学，突出理论应用和实践技能的培养，注重教材的科学性、实用性和通用性。

　　2. 定位明确，顺应现代社会发展和就业需求，面向就业，突出应用。

　　3. 精心选材，体现新知识、新技术、新方法、新成果的应用，具有超前性、先进性。

　　4. 合理编排，根据教学内容、教学大纲的要求，采用模块化编写体系，突出重点与难点。

　　5. 教材内容有利于扩展学生的思维空间和自主学习能力，着力培养和提高学生的综合素质，使学生具有较强的创新能力，促进学生的个性发展。

　　6. 体现建设"立体化"精品教材的宗旨，为主干课程配备电子教案、学习指导、习题解答、上机操作指导等，并为理论类课程配备 PowerPoint 多媒体课件，以便于实际教学，有需要多媒体课件的教师可以登录网站 http://www.china-ebooks.com 免费下载，在教材使用过程中若有好的意见或建议也可以直接在网站上进行交流。

21 世纪职业教育系列规划教材编审委员会

目　录

第 1 章 绘图基础入门

本章学习目标

通过本章的学习，读者应了解中文版 AutoCAD 2015 对系统的配置要求和工作界面的组成，掌握图形文件的管理、切换工作空间、绘图环境的设置、图层的使用等基础知识。

学习重点和难点

- 图形文件的新建、打开和保存
- 切换工作空间
- 设置绘图环境和绘图单位
- 管理和使用图层

1.1 初识中文版 AutoCAD 2015

AutoCAD 是由美国 Autodesk 公司开发的集二维绘图、三维设计及渲染于一体的计算机辅助设计软件，具有易于掌握、使用方便、体系结构开放的特点。

AutoCAD 自 1982 年 12 月诞生以来，经过十多次的升级，现已被广泛应用于机械、建筑、电子、航天等工程设计领域，使数以万计的工程技术人员从繁重的手工绘图中解脱出来，工程设计也真正实现了现代化作业。AutoCAD 2015 整合了制图和可视化，加快了任务的执行，能够满足个人用户的需求和偏好，能够更快地执行常见的 CAD 任务，更容易查找一些不常见的命令。AutoCAD 2015 也能通过让用户在不需要编程的情况下自动操作制图来进一步简化制图任务，极大地提高了效率。

本节从中文版 AutoCAD 2015 的基础入手，重点介绍其对系统的配置要求和工作界面等基础知识。

1.1.1 中文版 AutoCAD 2015 对系统的配置要求

中文版 AutoCAD 2015 对用户的计算机系统配置有如下要求：

1．操作系统

Windows 7 及以上版本均可。

2．Web 浏览器

Microsoft Internet Explorer 6.0 或更高版本。

3．处理器

英特尔奔腾 4 处理器（2.2GHz）、英特尔或 AMD 双核处理器（1.6 GHz）支持 SSE2 技术。

4．内存

最小应为 2GB。

5．显示器

1 024×768 VGA，真彩色。

1.1.2 中文版 AutoCAD 2015 的工作界面

中文版 AutoCAD 2015 相比 AutoCAD 2009 减少了欢迎界面，取而代之的是全新设计的"新的选项卡"操作界面，当我们启动 AutoCAD 2015 的时候，默认情况下它会打开如图 1-1 所示的新的选项卡。

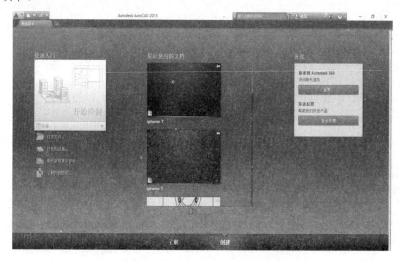

图 1-1　中文版 AutoCAD 2015 新的选项卡

新的选项卡出现的地方有如下几种：

- 启动 AutoCAD2015 的时候；
- 关闭所有的图纸文件的时候；
- 从绘图选项卡中点击"+"图标创建新的图纸文件的时候；
- 在命令行工具栏中键入"NEWTAB"的时候。

新的选项卡各功能如下：

快速入门：使用开始绘制工具将从默认样板中开始一个新图形，还可以从样板列表中进行选择。

最近使用文档：在最近使用的文档下可以打开和查看最近使用的图形，我们还可以将图形固定到列表。

连接：可以通过连接登录到 Autodesk 360 访问联机服务。

了解：在了解页面我们可以看到入门视频、提示、和其他它联机学习资源。

启动中文版 AutoCAD 2015 后，进入"新的选项卡"中单击"开始绘制"按钮打开 AutoCAD

主界面,其工作界面如图 1-2 所示。AutoCAD 2015 的工作界面与之前版本相比有较大的改变,它采用了基于任务的应用设计,以简洁的形式显示命令选项,便于用户根据工作需要快速选择命令。

　　AutoCAD 2015 的工作界面取消了经典模式,位置也由标题栏移至状态栏,其中包含三个工作界面,分别是"草图与注释""三维基础"和"三维建模"工作界面。"草图与注释"工作界面主要由"菜单浏览器"按钮、标题栏、快速访问工具栏、功能区、绘图窗口、面板栏、View Cude 工具、导航栏、 命令行、十字光标、状态栏、辅助功能区以及快速查看区组成。

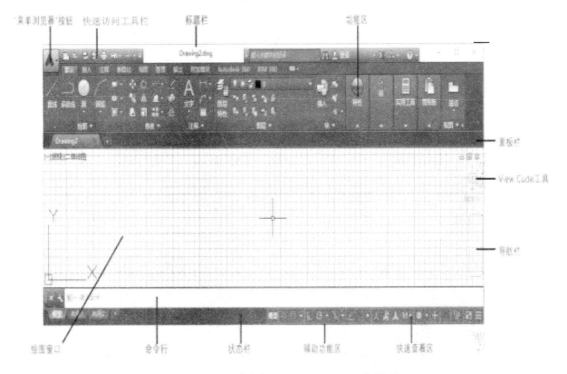

图 1-2　中文版 AutoCAD 2015 工作界面

　　中文版 AutoCAD 2015 的三种工作界面虽然各不相同,但主体结构是固定的,主要由标题栏、菜单栏、工具选项板、命令行、状态栏等部分组成,下面分别对其进行介绍。

专家指点

> 在 AutoCAD2015 中,默认只显示功能区不显示菜单栏,但是可以通过快速访问栏的下拉菜单调用出来供老用户使用。

1. "菜单浏览器"按钮

　　"菜单浏览器"按钮 ▲▼ 位于工作界面的左上角。单击该按钮,将弹出下拉菜单,该菜单中包含了文件的新建与储存以及 AutoCAD 2015 配置选项,用户选择相关命令后即可执行相应操作,如图 1-3 所示。

图 1-3 "菜单浏览器"按钮的下拉菜单

2. 标题栏

标题栏位于应用程序窗口的最上方，用于显示当前正在运行的程序名及文件名等信息，图 1-4 所示为 AutoCAD 2015 的标题栏。

图 1-4 标题栏

标题栏中的信息中心提供了多种信息来源。在文本框中输入需要帮助问题的关键字，然后单击"搜索"按钮，在弹出的下拉菜单中选择相应的选项，就可获取相关的帮助信息。将鼠标光标移至标题栏上，右击鼠标或按 Alt+空格键，将弹出窗口控制菜单，从中可执行窗口的最大化、还原、最小化、移动、关闭等操作。

单击标题栏右侧的按钮组 ，也可以最小化、最大化、还原或关闭应用程序窗口。

3. 快速访问工具栏

AutoCAD 2015 的快速访问工具栏中包含常用操作的快捷按钮，以方便用户使用。它们分别是"保存"按钮、"打印"按钮、"放弃"按钮和"新建"按钮，用户还可以自己设置所喜好的快捷按钮，如图 1-5 所示。

图 1-5 快速访问工具栏

4. 功能区

功能区的变化是 AutoCAD 2015 最大的改变之一，它采用了以往所没有的功能区形式，绝大多数的命令都可以在功能区中找到，单击相关的选项卡，可以切换至相应的选项板中，如图 1-6 所示。

图 1-6　功能区

有些选项板中没有足够的空间显示所有的工具按钮，单击该选项板正下方的三角按钮▼，可以显示其他相关的命令按钮，图 1-7 所示为展开的"绘图"选项板。如果其他按钮右侧还有下三角按钮▼，表明该按钮中还有其他的命令按钮。例如，单击"圆心"按钮 下侧的下三角按钮，将弹出相应的面板显示其他的命令按钮，如图 1-8 所示。使用功能区时无需显示多个工具栏，它通过单一紧凑的工作界面使应用程序变得简洁有序，使绘图窗口变得更大。

图 1-7　"绘图"选项板

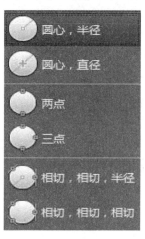

图 1-8　其他按钮

5．面板栏

在 AutoCAD 2015 中可以同时打开多个图形文件，当同时打开多个文件时，可以通过面板栏中的标签进行切换，右击面板栏可调出快捷菜单，可通过快捷菜单调用"新的选项卡""新建""打开""全部保存""全部关闭"等按钮，如图 1-9 所示。

图 1-9　面板栏

6．绘图窗口

绘图窗口是指程序窗口中用于显示图形的区域，AutoCAD 2015 默认绘图窗口颜色为黑色，用户可在 AutoCAD 2015 选项中更改默认颜色，具体内容会在 1.4 中详细说明，下图的绘图窗口颜色为白色，如图 1-10 所示。

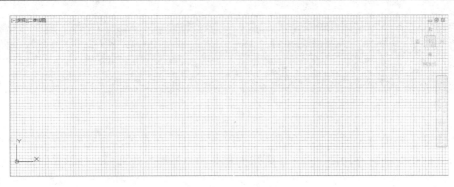

图 1-10　绘图窗口

在绘图窗口的左下方是用户坐标系图标，用于显示图形的方向。AutoCAD 中的图形是在不可见的栅格或坐标系中绘制的，并且建立在 X、Y、Z 三个方向的基础上，用户可以使用固定的世界坐标系（WCS）和活动的用户坐标系（UCS）。绘图窗口包含了两种绘图环境：一种为模型空间，另一种为图纸空间。

AutoCAD 是一个精确绘图软件，其在绘图窗口中的鼠标指针显示为十字形状，方便用户标识拾取点和确定点，用户也可以使用十字光标来定位点、选择和绘制对象。

7. 导航栏

AutoCAD 2015 的导航栏包含常用视角选择的快捷按钮，以方便用户使用，它们分别是"全导航控制盘""平移""范围缩放""动态观察""ShowMotion"按钮，如图 1-11 所示。

图 1-11　导航栏

8. 命令行窗口

命令行窗口是 AutoCAD 这一应用软件所特有的，也是它与其他矢量绘图软件的不同之处，在其中可显示命令、系统变量、选项、信息等内容。默认情况下，它位于程序窗口的下方，并呈条状显示。默认情况下，该窗口仅显示一行，按 F2 键可打开命令提示窗口，再次按 F2 键又可关闭此窗口。用户可直接在命令行中输入命令名称或别名，然后按回车键。

（1）设置命令行窗口

默认情况下命令行窗口固定在程序窗口之内，其宽度与 AutoCAD 程序窗口的宽度相等，当输入的命令文字超出命令行所能容纳的范围时，则会在命令行的前面弹出一个窗口，以显示命令行中的全部内容。

当通过命令行窗口执行操作时，为了方便使用，用户可将其浮动于程序窗口之外，此时可根据需要调整其大小。具体操作是：在命令行窗口左侧的移动手柄上单击鼠标左键并拖动，然后在合适的位置处释放鼠标；而后拖动其边框，可更改其高度和宽度，如图 1-12 所示。

图 1-12　命令行窗口

（2）输入命令

在命令行窗口中隔离线下方的区域称为命令行，当需要执行某个命令时，可使用键盘在命令行中输入完整的命令名称或命令别名（有些命令具有简化的名称，称为命令别名），经确认之后，按回车键或空格键即可，这时可能会在命令行中显示一个选项集或者在绘图窗口中弹出一个对话框。在 AutoCAD 2015 中为命令行搜索添加了新内容，即自动更正和同义词搜索，当输入错误命令 TABEL 时，将自动启动 TABLE 命令并搜索到多个可能的命令，例如在命令行中输入 CIRCEE 并按回车键，AutoCAD 将提示：

指定圆的圆心或 [三点(3P)/两点(2P)/切点、切点、半径(T)]

用户这时可在命令提示后输入圆心的 X、Y 坐标值，或使用鼠标在绘图窗口中单击来指定圆心。

在命令提示中并列的选项将用"/"进行隔离，要选择不同的选项，可输入整个单词或者在提示中以大写形式显示的字母。在输入时可以使用单词或字母的大写形式，也可以使用小写形式。例如当选择"圆弧"选项时，可在命令行中输入 A 并按回车键；而如果要选择"中心点"选项，可在命令行中输入 C 并按回车键，然后再根据提示进行选择即可。

专家指点

> 如果要重复或取消刚使用过的命令，同样可按回车键或空格键。

（3）输入系统变量

所谓系统变量是指控制某些命令工作方式的设置，用户可根据需要选择打开或关闭某种模式，或者可设置填充图案的默认比例，如"捕捉""栅格"或"正交"等。另外，还可以存储关于当前图形和 AutoCAD 配置的信息。

9．状态栏

状态栏位于程序窗口的最下方，在其左侧将显示当前鼠标指针所处的位置，在右侧是"辅助功能区"和"快速查看区",通过单击这些按钮可启用或关闭一些辅助绘图工具,当按钮处于高亮状态时,表示启用该工具;而当其处于灰色状态时,表示该工具处于关闭状态,如图 1-13 所示。

图 1-13　状态栏

10．快捷菜单

在 AutoCAD 中绘制图形时,除了使用选项板中提供的工具之外,还可以使用程序所提供的快捷菜单。AutoCAD 提供有捕捉对象和与当前操作对应的快捷菜单,通过执行这些菜单命令,可快速完成相应的操作。

需要使用快捷菜单时,可在绘图窗口的空白区域单击鼠标右键。

在使用与当前操作有关的快捷菜单时,根据不同的情况将显示不同的菜单内容,如默认快捷菜单、编辑模式快捷菜单、对话框模式快捷菜单及命令模式快捷菜单等,用户从中选择合适的选项即可。图 1-14 所示为不同的快捷菜单。

图 1-14　快捷菜单

1.2　管理图形文件

本节介绍如何新建图形文件,如何打开已有的图形文件,以及如何保存所绘制的图形文件等文件管理操作的方法。

1.2.1　新建图形文件

在使用中文版 AutoCAD 2015 绘图时，首先要选择一张样板图，然后在此样板图中绘图。新建图形文件有如下四种方法：

- 菜单：单击"菜单浏览器"按钮 ，在弹出的列表中执行"新建"命令。
- 工具栏：在快速访问工具栏中单击"新建"按钮 。
- 新的选项卡：点击"快速入门"中的"样板"按钮。
- 面板栏：右键面板栏空白区域，选择"新建"命令。

使用以上任一方法调用"新建"命令后，AutoCAD 都将弹出"选择样板"对话框，如图 1-15 所示。

图 1-15　"选择样板"对话框

该对话框与其他 Windows 应用程序打开文件时弹出的对话框的使用方法基本相同。但是当在文件列表框中选中某一样板文件时，会在右边的预览图像框中显示出该样板的预览图像。需要注意的是，AutoCAD 2015 的样板文件为.dwt 格式。

在列表框中选择一个样板文件后，单击"打开"按钮，即可创建一个空白的图形文件。

1.2.2　打开图形文件

在中文版 AutoCAD 2015 中打开图形文件的方法有如下四种：

- 命令：在命令行中输入 OPEN 后按回车键。
- 菜单：单击"菜单浏览器"按钮 ，在弹出的下拉菜单中执行"打开>图形"命令。
- 工具栏：单击快速访问工具栏中的"打开"按钮 。
- 新的选项卡：点击"快速入门"中的"打开文件"按钮。
- 面板栏：文右键面板栏空白区域，选择"打开"命令。

使用以上任一方法，调用"打开"命令，中文版 AutoCAD 2015 都将弹出"选择文件"对话框，如图 1-16 所示。

图 1-16 "选择文件"对话框

同样，当在列表框中选中某一图形文件时，会在对话框右侧的预览图像框中显示出该图形的预览图像。需要注意的是，AutoCAD 2015 的图形文件为.dwg 格式。AutoCAD 2015 还支持同时打开多个文件。

1.2.3 保存图形文件

在 AutoCAD 2015 中，用户可以使用当前的文件名保存图形文件，也可以使用新的文件名另存图形文件。用户可以通过以下四种方法保存图形文件：

- 命令：在命令行中输入 SAVE 后按回车键。
- 菜单：单击"菜单浏览器"按钮 ，在弹出的下拉菜单中执行"保存"命令。
- 工具栏：单击快速访问工具栏中的"保存"按钮 。
- 面板栏：右键面板栏空白区域，选择"全部保存"命令。

使用以上任一方法调用"保存"命令后，AutoCAD 都会把当前编辑的已命名的图形直接以原文件名存入磁盘，不再提示输入文件名。如果当前所绘制的图形文件没有命名，则会弹出如图 1-17 所示的"图形另存为"对话框。利用该对话框，用户可以设置图形文件的文件名称以及文件类型等并保存它。

图 1-17 "图形另存为"对话框

**专家指点**

执行"保存"或"另存为"命令保存图形后，AutoCAD 并不结束对当前图形的编辑操作。

1.2.4 设置密码保护

保存图形文件时，用户可以为图形文件设置密码。具体设置方法如下：

单击"菜单浏览器"按钮，在弹出的下拉菜单中单击"保存"命令，在弹出的"图形另存为"对话框中单击"工具"按钮，在弹出的下拉菜单中选择"安全选项"选项，弹出"安全选项"对话框，如图 1-18 所示。

图 1-18 "安全选项"对话框

用户可以通过单击该对话框中的"密码"选项卡，在"用于打开此图形的密码或短语"文本框中输入密码。此外，利用"数字签名"选项卡还可以设置数字签名。

为图形文件设置密码后，当试图打开该图形文件时系统会弹出一个对话框，要求用户输入密码。如果输入的密码正确则能够打开该图形文件，否则将无法打开该图形文件。

1.2.5 关闭图形文件

当完成对图形文件的编辑之后，用户可通过如下四种方法关闭当前图形文件：

- 命令：在命令行中输入 EXIT 或 QUIT 后按回车键。
- 菜单：单击"菜单浏览器"按钮，在弹出的下拉菜单中单击"关闭"命令。
- 快捷键：按【Alt＋F4】组合键。
- 在 AutoCAD 标题栏右侧单击"关闭"按钮。

如果当前图形文件没有被保存，AutoCAD 将弹出一个提示信息框，提示用户是否保存图形文件，如图 1-19 所示。单击"是"按钮，将保存所做的修改；单击"否"按钮，将不保存所做的修改，然后退出 AutoCAD；单击"取消"按钮则取消当前操作。

图 1-19　提示是否保存图形

1.3　切换工作空间

用户在工作时，可以切换到不同的工作空间来进行不同形式的绘图工作。使用工作空间时，只会显示与任务相关的菜单、工具栏和选项板。此外，工作空间还可以自动显示功能区。

在 AutoCAD 2015 中，用户可以轻松地切换工作空间，包括"草图与注释""三维建模空间"和"三维基础"。

在快速查看区中单击"切换工作空间>草图与注释"命令，可切换至二维草图工作空间，如图 1-20 所示。

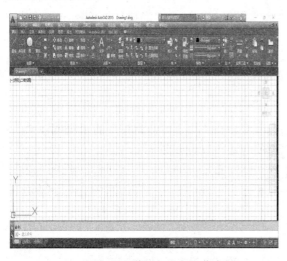

图 1-20　草图与注释工作空间

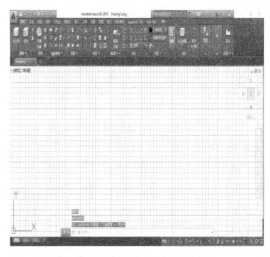

图 1-21　三维建模工作空间

用户在创建三维模型时，可以使用三维建模工作空间，其中仅包含与三维建模相关的工具栏、菜单和选项板。三维建模不需要的界面项会被隐藏，使得用户的工作屏幕区域最大化。

在快速查看区中单击"切换工作空间＞三维建模"命令，可切换至三维建模工作空间，如图 1-21 所示。

在快速查看区中单击"切换工作空间＞三维基础"命令，切换至 AutoCAD 三维基础工作空间，如图 1-22 所示。

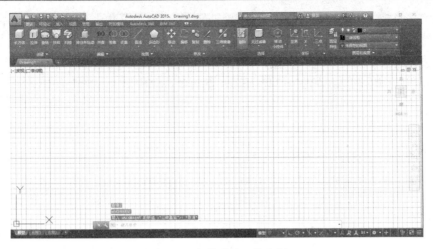

图 1-22   三维基础工作空间

1.4   设置绘图环境

用户在进行绘图操作时，如果需要对绘图环境中的某些参数进行设置，如设置绘图窗口的背景色、设置绘图界限、设置绘图单位等，则可以通过系统设置来实现。

1.4.1   使用"选项"对话框

当用户安装 AutoCAD 之后，即可开始绘图。但是，用户可能会感到当前的绘图环境并不是那么令人满意，此时可按如下操作步骤来设置：

（1）单击"菜单浏览器"按钮▲ ，在弹出的下拉菜单底部单击"选项"按钮或在命令行中输入 PREFERENCES 并按回车键，都将弹出"选项"对话框。

（2）单击"显示"选项卡，在其中可以设置窗口元素、布局元素、十字光标大小，控制显示精度和显示性能等，如图 1-23 所示。

图 1-23   "显示"选项卡

　　此外，还可利用该选项卡设置命令行窗口的文本行数，以及模型空间、布局空间、命令行窗口和绘图预览窗口的背景颜色等。例如，用户想要更改绘图窗口的背景颜色，可在"窗口元素"选项区中单击"颜色"按钮，弹出"图形窗口颜色"对话框，在"颜色"下拉列表框中选择所需的颜色选项（如图 1-24 所示），然后单击"应用并关闭"按钮，即可将选中的颜色应用于绘图窗口。

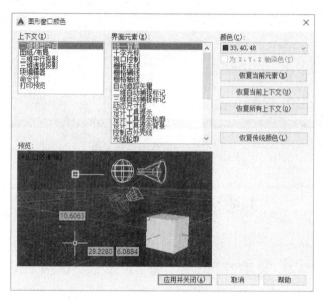

图 1-24　"图形窗口颜色"对话框

　　（3）如果希望设置字库、菜单文件、文本编辑器程序、词典文件等文件路径，可单击"文件"选项卡，如图 1-25 所示。

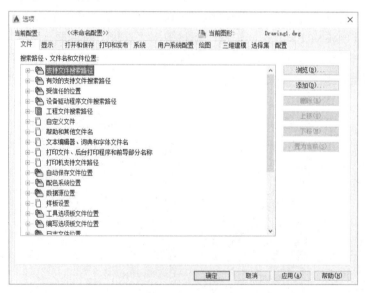

图 1-25　"文件"选项卡

　　（4）如果希望设置文件的保存参数，例如是否保存缩略图预览图像，自动保存文件的时间间隔等，可单击"打开和保存"选项卡，在其中进行设置，如图 1-26 所示。

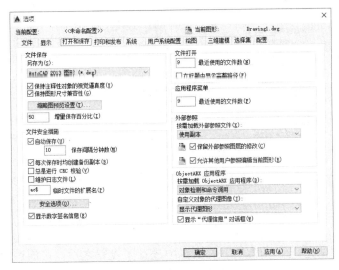

图 1-26 　"打开和保存"选项卡

（5）如果希望设置打印和发布的相关参数，可单击"打印和发布"选项卡，用户可以对默认的输出设备和打印质量等进行设置，如图 1-27 所示。

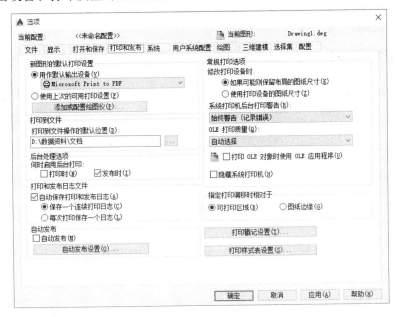

图 1-27 　"打印和发布"选项卡

（6）如果希望设置自动捕捉、自动追踪等特性，例如，设置打开捕捉后是否显示自动捕捉标记、自动捕捉标记的颜色与尺寸，以及捕捉靶框的尺寸等，可单击"绘图"选项卡，如图 1-28 所示。

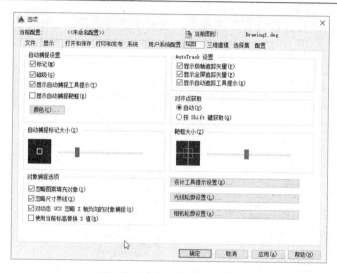

图 1-28 "绘图"选项卡

（7）针对不同的需求在"选项"对话框中进行了设置之后，可通过"配置"选项卡将当前设置保存为设置文件。以后若要改变设置，只需调用不同的设置文件即可。

1.4.2 设置绘图界限

绘图界限用来标明用户的工作区域和图纸的边界（图纸大小），以此防止用户绘制的图形超出设定区域。

在中文版 AutoCAD 2015 中，用户可以通过在命令行中输入 LIMITS 后按回车键来设置绘图界限。

AutoCAD 将提示：

命令: LIMITS↙
重新设置模型空间界限:
指定左下角点或 [开(ON)/关(OFF)] <0.0000,0.0000>:

提示用户设置图形界限左下角的位置，默认坐标为（0，0），用户可按回车键接受其默认值或输入新值。AutoCAD 继续提示用户设置绘图界限右上角的位置：

指定右上角点或<420.0000，297.0000>:

同样，用户可以接受其默认值或输入一个新值以确定绘图界限的右上角位置。

 专家指点

　　重新设置图形界限后，一般要在命令行中输入 Z（ZOOM）命令，再选择 A（ALL）选项，以在屏幕上显示刚设置的图幅全貌。
　　在"指定右上角点或<420.0000, 297.0000>:"提示下输入"594，420"，则原 A3 图幅将修改为 A2 图幅。系统默认为 OFF 状态，即不进行图形界限校核，图形绘制允许超出绘图界限的范围。当输入 ON 时，允许进行图形界限校核，即限制点位于绘图界限以内。

1.4.3　设置绘图单位

在用 AutoCAD 绘制图形时，总是按实际尺寸（1:1 的比例）绘制图形，以消除绘图过程中可能出现的比例错误，然而在打印该图形时，可以设置一个比例因子，将该图形按照所需要的比例输出。

在开始绘制图形前，需要确定图形单位与实际单位之间的尺寸关系，即绘图比例。另外，还要指定程序中测量角度的方向。对于所有的线性和角度单位，还要设置显示精度的等级，如小数点的位数或者以分数显示时的最小分母。精度的设置仅仅影响距离、角度和坐标的显示。这些都是在设置绘图单位过程中要完成的工作。

AutoCAD 提供的"图形单位"对话框可以用来设置绘图单位，在命令行中输入 UNITS 或 DDUNITS 后按回车键。AutoCAD 将弹出如图 1-29 所示的"图形单位"对话框。

该对话框中各选项含义如下：

（1）长度

在该选项区中可指定测量的当前单位及当前单位的精度。

图 1-29　"图形单位"对话框

● 类型：在该下拉列表框中可设置测量单位的当前格式，例如当选择"建筑"或"工程"选项时，将提供英尺和英寸显示并假定每个图形单位代表 1 英寸，而其他选项则表示真实的单位。

● 精度：在该下拉列表框中可设置当前单位显示的小数位数，用户可从其下拉列表中选择精确到小数点之后几位数。

（2）角度

在该选项区中可指定当前角度的格式和当前角度显示的精度。其中"类型"下拉列表框用于设置当前角度的格式，而"精度"下拉列表框可设置当前角度显示的精度。

当用户在"类型"下拉列表框中选择"十进制度数"选项时，在"精度"下拉列表框中将用十进制数表示；选择"百分度"选项时附带一个小写 g 后缀；选择"弧度"选项时将附带一个小写 r 后缀；"度/分/秒"选项用 d 表示度，用"′"表示分，用"″"表示秒，例如 90d30′20″；"勘测单位"选项用方位来表示角度，N 表示正北，S 表示正南，用度/分/秒形式表示从正北或正南起的偏角的大小，E 表示正东，W 表示正西，例如 N40d0′0″E。

选中"顺时针"复选框表示按照顺时针方向计算正的角度值，而取消选择之后，将按逆时针方向测量角度。

（3）插入时的缩放单位

该选项区将控制从 AutoCAD 设计中心插入块时使用的测量单位，如果从 AutoCAD 设计中心插入块的单位与在此选项区中指定的单位不同，块会按比例缩放到指定单位；而选择"无单位"选项则表示在插入块时不按指定的单位进行缩放。

（4）方向

单击该按钮，可弹出"方向控制"对话框，在其中可控制基准角度，如图 1-30 所示。

图 1-30 "方向控制"对话框

在"基准角度"选项区中可设置基准角度的方向，即相对于用户坐标系的方向。这些选项将影响角度输入、对象旋转角度、显示格式及极坐标、柱坐标和球坐标的输入。用户可将基准角度指定为正东、正北、正西和正南方向，也可以指定其他任意的方向。

该选项区中包括五个单选按钮，其中"东"单选按钮表示将基准方向设置为正东（默认为零度）；"北"单选按钮表示设置为正北（90°）；"西"单选按钮表示设置为正西（180°）、"南"单选按钮则表示设置为正南（270°）。另外，还可以选中"其他"单选按钮后，在"角度"文本框中输入与 X 轴正方向的夹角值，也可以单击"拾取角度"按钮，这时将会暂时隐藏这两个对话框，而切换到绘图窗口，此时在命令行中将提示：

> 拾取角度：

在该提示下直接输入角度值，或者指定起始方向上的一个点，然后按回车键，这时系统继续提示：

> 指定第二点：

根据需要确定第二点的位置，然后按回车键，这时就会将这两个点之间的连线方向作为角度的起始方向，并返回到"方向控制"对话框，单击"确定"按钮即可。这时在"输出样例"选项区中将显示设置的结果，最后单击"确定"按钮关闭"图形单位"对话框。

1.5 管理和使用图层

图层是用户用来组织自己图形的最有效的工具之一。通过将不同性质的对象（如图形的不同部分、尺寸等）放置在不同的图层上，用户可方便地通过控制图层的特性（如冻结、锁定、关闭等）来显示和编辑对象。

AutoCAD 图层是透明的电子纸，一层挨一层放置，用户可根据需要增加和删除图层，每一层均可拥有任意的 AutoCAD 颜色和线型，而在该图层上创建的对象则默认地采用这些颜色和线型。用户也可进行设置使其中的对象不使用该图层的颜色和线型。

1.5.1 创建与删除图层

在中文版 AutoCAD 2015 中创建与删除图层均需在"图层特性管理器"对话框中进行，打开该对话框有如下方法：

- 令：在命令行中输入 LAYER 或 LA 并按回车键。
- 功能区：在"默认"选项卡的"图层"面板中单击"图层特性"按钮。

使用以上任一方法调用 LAYER 命令后，AutoCAD 都将弹出"图层特性管理器"对话框，然后在其中单击"新建图层"按钮 ，新建一个图层，如图 1-31 所示。默认情况下，新建图层被命名为"图层 1"，之后各图层将分别被命名为"图层 2""图层 3"等。

图 1-31　"图层特性管理器"对话框

用户可根据需要重命名图层，并通过单击该行中的不同参数标记为该图层设置颜色、线型、线宽等。其中，要为图层设置颜色，可单击该图层的"颜色"标志，AutoCAD 将弹出"选择颜色"对话框，如图 1-32 所示。

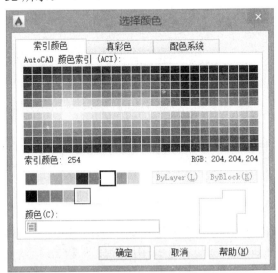

图 1-32　"选择颜色"对话框

如果要为图层设置线型，可单击该图层的"线型"标志，AutoCAD 将弹出如图 1-33 所示的"选择线型"对话框。

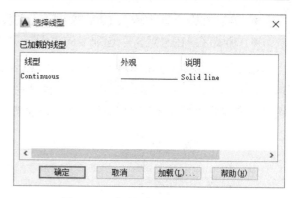

图 1-33 "选择线型"对话框　　　　　　图 1-34 "加载或重载线型"对话框

默认情况下，系统仅加载一种连续（Continuous）线型。要在图形中使用其他线型，必须首先加载该线型。为此，可在"选择线型"对话框中单击"加载"按钮，AutoCAD 将弹出如图 1-34 所示的"加载或重载线型"对话框。在其中选择希望使用的线型后，单击"确定"按钮，这些线型即会显示在"选择线型"对话框的"已加载的线型"列表中，从而可以将其指定给所需图层使用。

专家指点

> 只有加载到图形中的线型才能被使用。在选择线型时按下【Ctrl】键或【Shift】键，可以一次加载多种线型。

要为图层设置线宽，可在图层列表区单击"线宽"标志，AutoCAD 将弹出如图 1-35 所示的"线宽"对话框。

图 1-35 "线宽"对话框

要删除图层，应首先在"图层特性管理器"对话框中的图层列表区选中该图层，然后单击"删除图层"按钮 ✕ 即可。如果在选择图层时按下【Ctrl】键或【Shift】键，还可同时选择一组图层进行删除。

1.5.2 控制图层状态

在 AutoCAD 中，图层主要有开/关图层、冻结/解冻和锁定/解锁等几种状态，其含义如下：

● 开/关图层：通过打开或关闭图层，可以显示或隐藏位于该图层上的对象。打开已经关闭的图层时，AutoCAD 将重画（不是重生成）该图层上的对象。

● 冻结/解冻：通过冻结图层可以加速 ZOOM（缩放）、PAN（平移）和 VOIUT（改变视点）命令的执行，提高对象选择速度，减少复杂图形的重生成时间。冻结图层后，AutoCAD 将不显示、打印或重生成该图层上的对象。因此，用户可将长期不需要显示的图层冻结。在解冻已经冻结的图层后，AutoCAD 将重生成图形并且显示该图层上的对象。

● 锁定/解锁：通过锁定图层，用户可以查看、捕捉位于该图层上的对象，或者在该图层上绘制新对象，但不能选择或编辑已经位于该图层上的图形对象。

要改变图层的状态，可在"图层特性管理器"对话框中，单击图层名称前面的 图标、 图标和 图标，相应的来打开/关闭、冻结/解冻和锁定/解锁图层。

专家指点

> 用户也可利用工具选项板改变图层的状态。
> 利用"图层"选项板，用户可在所有视口中冻结/解冻图层，或者在当前视口冻结/解冻图层。所谓视口是指用于显示图形不同部分或不同侧面的窗口。例如，当图形非常复杂时，为了便于编辑和观察，可在一个视口中显示图形的局部细节，而在另一个视口中显示图形的整体效果，如图 1-34 所示。

1.5.3　设置当前图层与改变图形对象所在图层

要将某个图层设置为当前图层，可在不选择图形对象的情况下，直接在"默认"选项卡的"图层"面板中单击"图层特性"按钮。

要将某个图形对象所在图层设置为当前图层，应先选中该对象，然后单击"图层"选项板中"将对象的图层设为当前图层"按钮 。

要改变图形对象所在图层，应先选中这些图形对象，然后在"图层"选项板的"图层控制"下拉列表框中选择要放置这些对象的图层（如"细实线"图层），如图 1-36 所示。

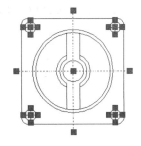

图 1-36　改变对象所在图层

1.5.4　改变对象默认属性

默认情况下，用户所绘对象的颜色、线型和线宽将使用当前图层的颜色、线型和线宽（称为"随层"颜色、线型和线宽）。用户可在选中图形对象后利用"特性"选项板中的选项为其指定不同于所在图层的颜色、线型和线宽。但是，尽管系统提供了此项功能，建议用户应尽量少用或不用此功能，以免造成混乱。

1.5.5 控制线宽显示

由于线宽属性属于打印设置，因此，默认情况下系统并未显示线宽的设置效果。如果希望在绘图窗口中显示线宽设置效果，在菜单栏中单击"默认>特性>线宽>线宽设置"命令，弹出如图 1-37 所示的"线宽设置"对话框，然后在该对话框中选中"显示线宽"复选框即可。

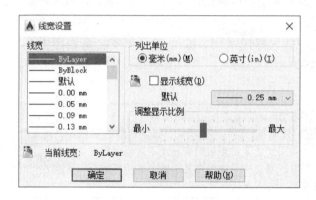

图 1-37　"线宽设置"对话框

1.5.6 使用图层转换器统一图层标准

利用中文版 AutoCAD 2015 中的"图层转换器"对话框，可以修改当前图形中的图层标准，使之和另一图形中的图层或 CAD 标准匹配。用户还可使用图层转换器控制某些图层的可见性以及从图形中删除所有未被引用的图层。

在中文版 AutoCAD 2015 中，用户可通过单击功能区"管理"选项卡，在其中的"CAD标准"控制区中单击"图层转换器"命令。

使用以上方法，AutoCAD 将弹出"图层转换器"对话框，如图 1-38 所示。

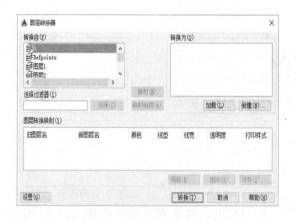

图 1-38　"图层转换器"对话框

如果要与其他图形交换数据，可以单击"加载"按钮，AutoCAD 将弹出"选择图形文件"对话框。在其中选择要加载的图形文件，单击"打开"按钮，则加载图形文件后返回到"图层转换器"对话框，如图 1-39 所示。

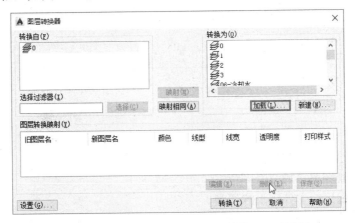

图 1-39　加载图形文件后的"图层转换器"对话框

其中各主要选项含义如下：

● 转换自：列出当前图形中的图层，用户可以在该列表中选择想要转换的图层。其中，图层名前标志块的颜色指示该图层是否被引用（黑色表示已被引用，白色表示未被引用，即该图层为空）。对于未被引用的图层，可在该列表中单击鼠标右键，在弹出的快捷菜单中选择"清理图层"选项进行删除。

● 选择过滤器："选择过滤器"文本框用于设置在"转换自"列表中显示哪些图层，此时可使用通配符。设置选择过滤器后，单击"选择"按钮将选择那些"选择过滤器"指定的图层。

● 转换为：列出转换成图层时的目标图层。单击"加载"按钮，可将一个指定图形、样板或标准文件的图层装载到"转换为"列表中；单击"新建"按钮，可在"转换为"列表中创建一个新图层。

● 映射：映射"转换自"与"转换为"列表中选择的图层，其映射关系将被添加到下面的"图层转换映射"列表中。

● 图层转换映射：在该列表中列出前面设置的图层映射关系，如图 1-40 所示。一旦创建了图层转换映射，其下的"编辑""删除"与"保存"按钮将变为激活状态，单击这些按钮可以编辑、删除选定的图层转换映射，或者保存创建的图层转换映射。

● 转换：单击该按钮将开始对建立映射的图层进行转换。

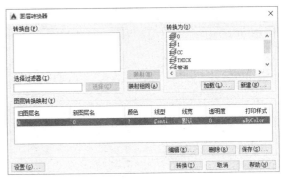

图 1-40　"图层转换映射"列表

习题与上机操作

一．填空题

1. 设置绘图界限的目的是_____。
2. 在 AutoCAD 中，图层主要有_____、_____和_____等几种状态。
3. 图层的属性主要包括_____、_____与_____。

二．思考题

1. 如何设置绘图比例和绘图单位？
2. 如何改变绘图窗口的背景颜色？
3. 如何在当前图形文件中加载线型？
4. 如何改变图形对象所在图层？
5. 如何设置密码保护？

三．上机操作

1. 练习创建一个图形文件，并为其设置密码，然后保存。
2. 设置一个图形单位，要求长度精确到小数点后两位，角度精确到十进制度数后两位小数。

第 2 章　绘制二维图形

通过本章的学习，读者应掌握点的输入方式，以及点、直线、曲线、折线、面域的绘制、创建等操作方法，从而能够在 AutoCAD 中绘制出一些常用的二维平面图形。

- 定数等分点、定距等分点的绘制
- 射线、构造线和多线的绘制
- 椭圆弧和二维填充图形的绘制

- 多段线、矩形和正多边形的绘制
- 使用 REGION 命令和 BOUNDARY 命令创建面域

2.1　掌握点的输入方式

AutoCAD 提供了一个很大的绘图空间，为确定所绘图形的位置，它采用世界坐标系（WCS）确定图形的矢量方向。世界坐标系由水平的 X 轴、垂直的 Y 轴和垂直于 XY 平面的 Z 轴组成，X、Y、Z 轴的正方向分别为向右、向上和向前。用户也可以创建自己的用户坐标系（UCS），用户坐标系原点可以设置在世界坐标系的任意位置，用户可以任意转动或倾斜坐标系，以满足绘制复杂图形的需要。

AutoCAD 的坐标显示有两种模式：动态显示模式和静态显示模式。动态显示模式有动态直角坐标和动态极坐标两种方式。AutoCAD 默认为动态直角坐标方式，即随着光标的移动坐标值随时更新，显示在状态栏的左边。

点是形体中最基本的元素，任何形体都是由许许多多的点组成的，AutoCAD 提供了几种点的输入方式。

1．用鼠标直接输入

用鼠标直接输入点的方法是，移动鼠标指针到合适位置，单击左键确定。

2．用键盘输入点的坐标

绝对坐标的基准点就是坐标系的原点（0，0，0）。在二维空间中，绝对坐标系可以用绝对直角坐标和绝对极坐标来表示。

（1）绝对坐标

绝对直角坐标的输入格式：当系统提示输入点时，可以直接输入 X、Y 值。例如，（5，12）。绝对极坐标的输入格式：当系统提示输入点时，直接输入"距离<角度"。如，（20<90），表示该点距坐标原点的距离为 20 个单位，与 X 轴正方向的夹角为 90°。

（2）相对坐标

相对坐标是以前一个输入点为基准点而确定位置的输入方法，在二维空间中，相对坐标系可以用相对直角坐标和相对极坐标来表示。

用相对坐标输入时，需要在输入坐标值的前面加上@符号。以一个实例来说明相对直角坐标的输入格式，例如，已知前一点的坐标是（10，25），在系统提示输入点时，输入（@30，25），则该点的绝对坐标为：（40，50）（沿 X、Y 轴的正方向的增量为正，反之为负），这种输入法在绘图过程中最常用。同样以一个实例来说明相对极坐标的输入格式，例如，已知前一点的坐标是（25，10），在系统提示输入点时，输入（@15<45），则表示该点与前一点的距离为 15 个单位，与 X 轴正方向的夹角为逆时针 45°。若输入-45，则与 X 轴正方向的夹角为顺时针 45°。

3．用给定距离的方式输入

用给定距离的方式，当系统提示输入一个点时，把鼠标指针移到欲输入点的方向，在命令行中直接输入相对前一点的距离，按回车键确认。

4．用捕捉方式捕捉特殊点

用捕捉方式捕捉特殊点，即利用对象捕捉功能，可以直接捕捉到需要的特殊点，如中点、圆心、端点和垂足等。对象捕捉功能将在后面章节中介绍。

2.2　绘制点

在中文版 AutoCAD 2015 中可以绘制单个点和多个点，还可以在指定对象上绘制定数等分点和定距等分点。

2.2.1　绘制单点和多点

使用 POINT 命令可以在指定位置绘制单个点。

1．调用命令的方法

调用"单点"命令在命令行中输入 POINT 或 PO 后按回车键。

2．命令提示

```
命令: POINT
当前点模式:  PDMODE=0   PDSIZE=0.0000
指定点:
```

要求输入点的坐标，或在绘图窗口中单击该点的位置。

3．多个点

单击"默认"选项卡，再单击"绘图"选项板上的 "多点"按钮。
此时命令行提示：

```
命令:_point
当前点模式:　PDMODE=0　PDSIZE=0.0000
指定点:
```

指定各点后，按回车键或单击鼠标右键即可结束命令。

4．点的样式

点可以用如图 2-1 所示的"点样式"对话框中的任一标记符号来显示。直接在命令行中输入 DDPTYPE 并按回车键，可打开该对话框。

单击对话框中的任一标记符号，即可选定该符号作为点的显示标记。"点大小"文本框用于输入点标记的尺寸数值。其数值可以用绝对尺寸或点标记占屏幕尺寸的百分比两种方式给定，用户可以选中"相对于屏幕设置大小"或"按绝对单位设置大小"单选按钮来选定数值的给定方式。

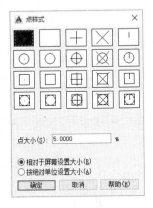

图 2-1　"点样式"对话框

2.2.2　绘制定数等分点

使用 DIVIDE 命令可以等分一个选定的实体，并在等分点处设置点标记符号或图块。等分段数的取值范围为 2～32767。

1．调用命令的方法

调用"定数等分"命令有如下方法：
- 命令：在命令行中输入 DIVIDE 后按回车键。
- 按钮：单击"默认"选项卡，再单击"绘图"选项板上的 "定数等分"按钮。

2．命令提示

根据等分实体的方式不同，命令行窗口的提示也不同，现分述如下：

（1）按分段数等分实体的命令提示：

```
命令: DIVIDE
选择要定数等分的对象:（用鼠标单击要等分的实体）
输入线段数目或 [块(B)]: 5（输入分段数并按回车键，结束命令）
```

（2）按分段数等分实体并在分段处插入一个块的命令提示：

```
命令: DIVIDE
选择要定数等分的对象:（用鼠标单击要等分的实体）
输入线段数目或 [块(B)]: B（选择"块"选项）
输入要插入的块名: 螺母（输入块名）
是否对齐块和对象? [是(Y)/否(N)] <Y>:
输入线段数目: 2（输入分段数并按回车键结束命令）
```

专家指点

> 只有直线、弧、圆、多段线可以等分，如要选择的实体不属于以上类型，则系统会提示"无法定数等分该对象。*无效*"。
>
> 设置等分点的实体并没有被划分成断开的分段，而是在实体上的等分点处放置点标记，用作目标捕捉的节点。
>
> 用户输入的是等分段数，而不是放置点的个数。

2.2.3　绘制定距等分点

使用 MEASURE 命令能在选定的实体上按指定间距放置点标记符号或图块。

1．调用命令的方法

调用"定距等分"有如下方法：：
- 命令：在命令行中输入 MEASURE 后按回车键。
- 按钮：单击"默认"选项卡，再单击"绘图"选项板上的 "定距等分"按钮。

2．命令提示

命令: MEASURE
选择要定距等分的对象:（用鼠标单击要设置等距点的实体）
指定线段长度或 [块(B)]: 5

在出现以上提示后输入间距，则可按给定间距设置等距点，并在各等距点处放置一个图块，输入 B 后的操作提示与输入 DIVIDE 命令时的提示相同。

2.3　绘制线条

直线是创建图形时较为常用的对象，在 AutoCAD 2015 中提供了多种绘制线条的命令和工具，通过执行命令、使用绘图工具等方式可以创建多种类型的线条，如直线、射线、构造线、多线等。

2.3.1　绘制直线

LINE 命令是绘图操作中使用频率最高的命令，它可以按用户给定的起点和终点绘制直线或折线。用户可以通过键盘输入起点和终点的坐标，也可以在绘图窗口内将十字光标移到点所在的位置，然后单击鼠标左键，即可输入该点的坐标。

1．调用命令的方法

调用"直线"命令有如下方法：

- 命令：在命令行中输入 LINE 或 L 后按回车键。
- 按钮：单击"默认"选项卡，在"绘图"选项板中单击"直线"按钮 。

2．命令提示

```
命令: LINE
指定第一点:（指定起点）
指定下一点或 [放弃(U)]:（指定下一点）
指定下一点或 [放弃(U)]:（指定下一点）
指定下一点或 [闭合(C)/放弃(U)]:
```

3．选项说明

命令提示中的各选项含义如下：

- 放弃：取消上一步操作。
- 闭合：与起点连接形成封闭图形。

4．绘图练习

以（100，100）为起点坐标，用相对极坐标绘制一个边（如 AB）长为 150 的五角星。

```
命令: LINE
指定第一点: 100,100（确定 A 点的位置）
指定下一点或 [放弃(U)]: @150<0（确定 B 点的位置）
指定下一点或 [放弃(U)]: @150<216（确定 C 点的位置）
指定下一点或 [闭合(C)/放弃(U)]: @150<72（确定 D 点的位置）
指定下一点或 [闭合(C)/放弃(U)]: @150<288（确定 E 点的位置）
指定下一点或 [闭合(C)/放弃(U)]: C（连接 EA 两点）
```

所得图形如图 2-2 所示。

2.3.2 绘制射线

射线是从指定起点向某一方向无限延伸的直线，它不能作为图形的一部分，通常仅作为辅助线使用。

1．调用命令的方法

调用"射线"命令有如下方法：

- 命令：在命令行中输入 RAY 后按回车键。
- 按钮：单击"常用"选项卡，在"绘图"选项板的下拉菜单中单击"射线"按钮 。

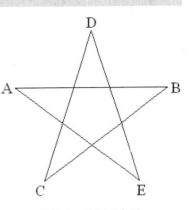

图 2-2　绘制五角星

2．命令提示

命令: RAY
指定起点:（指定起点）
指定通过点:（指定通过点）
指定通过点:（按回车键，结束命令）

2.3.3 绘制构造线

构造线是向两端无限延伸的直线，它不能作为图形的一部分，通常用来绘制辅助线。

1．调用命令的方法

调用"构造线"命令有如下方法：

● 命令：在命令行中输入 XLINE 或 XL 后按回车键。

● 按钮：单击"默认"选项卡，单击"绘图"选项右侧的三角按钮，展开"绘图"选项板，从中单击"构造线"按钮。

2．命令提示

命令: XLINE
指定点或 [水平(H)/垂直(V)/角度(A)/二等分(B)/偏移(O)]:（指定一点或选择绘制方式）

3．选项说明

命令提示中各选项含义如下：

● 水平：可以通过给定点绘制水平构造线，如图 2-3（a）所示。

● 垂直：可以通过给定点绘制垂直构造线，如图 2-3（b）所示。

● 角度：可以按给定角度绘制构造线，如图 2-3（c）所示。

● 偏移：可以按给定的基线和相对于基线的偏移量绘制构造线，如图 2-3（d）所示。

● 二等分：绘制给定角的角平分线，如图 2-3（e）所示。

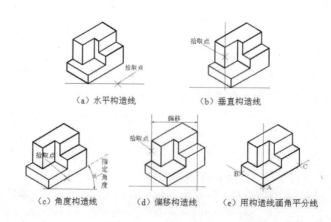

（a）水平构造线　　　（b）垂直构造线

（c）角度构造线　　　（d）偏移构造线　　　（e）用构造线画角平分线

图 2-3　绘制构造线

2.3.4　绘制多线

多线是包含 1～16 条称为图元的平行线，默认的多线样式包括两条平行线。绘制多线的操作方法是输入命令后，给定多线的起点和终点。

1．调用命令的方法

调用"多线"命令：在命令行中输入 MLINE 或 ML 后按回车键。

2．命令提示

命令: MLINE
当前设置: 对正 = 上，比例 = 20.00，样式 = STANDARD
指定起点或 [对正(J)/比例(S)/样式(ST)]：（指定起点 A，或输入选项）
指定下一点：（指定下一点 B）
指定下一点或 [放弃(U)]：（指定下一点 B）
指定下一点或 [闭合(C)/放弃(U)]：（指定下一点 C）
指定下一点或 [闭合(C)/放弃(U)]：（指定下一点 D）
指定下一点或 [闭合(C)/放弃(U)]：（按回车键，结束命令）

结果如图 2-4 所示。

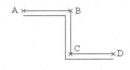

图 2-4　绘制多线

3．选项说明

命令提示中各选项含义如下：

● 对正：可以改变对正方式。选择该选项，AutoCAD 提示：

输入对正类型 [上(T)/无(Z)/下(B)] <上>:

多线对正的"上""无""下"三种方式如图 2-5 所示。

图 2-5　多线对正的三种方式

● 比例：可改变多线的比例。

● 样式：可以通过输入多线样式的名称来指定多线的样式，选择该选项后 AutoCAD 提示：

输入多线样式名或 [?]:

若输入"？"，则会显示多线样式名称列表。

4．创建多线样式

在命令行中输入 MLSTYLE 并按回车键，AutoCAD 将弹出"多线样式"对话框，如图 2-6 所示。

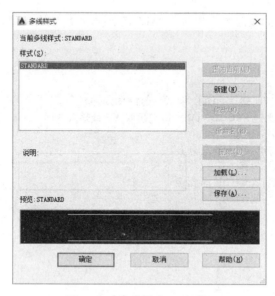

图 2-6 "多线样式"对话框

该对话框中各选项含义如下：

● 样式：在该列表中显示多线样式的名称。

● 加载：单击该按钮，弹出"加载多线样式"对话框，在其中单击"文件"按钮，弹出"从文件加载多线样式"对话框，在其中可选择预设或自定义的样式，如图 2-7 所示。

图 2-7 "从文件加载多线样式"对话框

- 保存：单击该按钮，弹出"保存多线样式"对话框，在其中的"文件名"下拉列表框中输入名称，单击"保存"按钮，可以将该样式保存到多线文件中。
- 重命名：单击该按钮后，样式名称就会呈高亮显示，用户可重新为该样式命名。

如果用户需要创建多线样式，可按如下步骤进行操作：

（1）在"多线样式"对话框中单击"新建"按钮，弹出"创建新的多线样式"对话框，如图 2-8 所示。

（2）在"新样式名"文本框中输入样式名称，单击"继续"按钮，弹出"新建多线样式"对话框，如图 2-9 所示。

图 2-8　"创建新的多线样式"对话框

图 2-9　"新建多线样式"对话框

该对话框中各选项含义如下：

- 封口：在该选项区中包含四个选项，通过"直线"选项可设置是否在多线的起始和终止位置添加横线；当选中"起点"复选框时，将在多线的起点添加横线；而选中"端点"复选框时，可在多线的终点添加横线；也可以同时选中"起点"和"端点"复选框。
- 外弧：该选项用于选择是否为多线设置圆弧状端点，选中"起点"和"端点"复选框后，位于多线最外边的两条线将在端点处形成弧状图形。
- 内弧：用来设置是否将处于多线两端点内部并成偶数的线设置为弧形；如果多线由奇数条线组成，则位于中心处的线将独立存在。图 2-10 所示是分别将多线的起点设置为不同封口类型的形状。

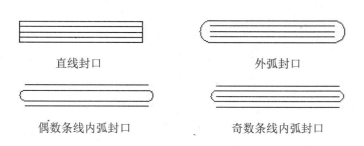

直线封口　　　　外弧封口

偶数条线内弧封口　　　奇数条线内弧封口

图 2-10　设置不同的封口类型

- 角度：用于指定端点封口的角度，其设置范围为 10°～170°。图 2-11 所示是将多线起点设置为最小值，而将多线终点设置为最大值时的显示状态。

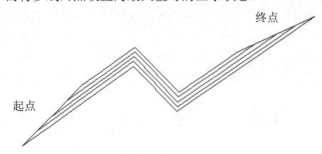

图 2-11　设置多线端点的封口角度

● 填充：在该选项区中可设置是否对多线进行填充，以及设置填充的颜色。单击"填充颜色"下拉列表框的下拉按钮，用户可根据需要设置多线的填充颜色，如图 2-12 所示。

● 显示连接：选中该复选框后，在多线的转折处将出现交叉线；否则将不显示这些交叉线，如图 2-13 所示。

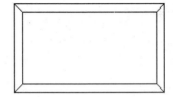

图 2-12　"填充颜色"下拉列表　　　　图 2-13　显示和不显示交叉线效果

● 图元：在该列表中将显示当前多线样式中图元的偏移、颜色和线型等属性。

● 添加：单击该按钮将新建一条线，它将相对于已绘制的其他图元定义多线的原点（0，0），并添加到"图元"列表中。

● 删除：当在"图元"列表中选择某个图元之后，单击该按钮可将其删除。

● 偏移：该文本框用于设置在"图元"列表中所选图元的偏移量。

● 颜色：如果要更改某个图元的颜色，单击该下拉列表框的下拉按钮，从弹出的下拉列表中选择所需要的颜色。

● 线型：如果要更改某个图元的样式，可先在"图元"列表中将其选中，然后单击该按钮，在弹出的"选择线型"对话框中选择合适的线型，如图 2-14 所示。

图 2-14　"选择线型"对话框

（3）当完成多线样式的全部设置之后，单击"确定"按钮返回到"多线样式"对话框中，新建的多线样式将出现在"样式"列表中，如图 2-15 所示。单击"确定"按钮关闭"多线样式"对话框。

图 2-15　新建的多线样式出现在"样式"列表中

5．修改多线

当完成多线的创建后，还可随时对其进行编辑。在命令行中输入 MLEDIT 并按回车键，将弹出"多线编辑工具"对话框，如图 2-16 所示。

该对话框中的各工具的图标形象地说明了它所具有的功能。用户可根据具体的需要进行选择，以更好地修改所创建的多线。

图 2-16　"多线编辑工具"对话框

2.4 绘制曲线

曲线是图形重要的组成部分，封闭的曲线平面图形都可以在三维空间中进行拉伸。本节将系统介绍样条曲线、圆、圆弧、椭圆、椭圆弧及圆环等各种曲线的绘制和应用。下面就来详细讲解如何绘制各种曲线及其应用。

2.4.1 绘制样条曲线

样条曲线是按照给定的某些数据点（控制点）拟合生成的光滑曲线，它可以是二维曲线或三维曲线。样条曲线最少应有三个顶点，常用来在机械图样中绘制波浪线、凸轮曲线等。

1．调用命令的方法

调用"样条曲线"命令有如下方法：

● 命令：在命令行中输入 SPLINE 或 SPL 后按回车键。
● 按钮：单击"默认"选项卡，在"绘图"选项板的下拉菜单中单击"样条曲线"按钮 。

2．命令提示

命令: SPLINE
指定第一个点或 [方式（M）/阶段（D）对象(O)]：（指定第一个点 A 点）
指定下一点:（指定第二点 B 点）
指定下一点或 [闭合(C)/拟合公差(F)] <起点切向>：（指定第三点 C 点）
指定下一点或 [闭合(C)/拟合公差(F)] <起点切向>：（指定第四点 D 点）
指定下一点或 [闭合(C)/拟合公差(F)] <起点切向>：（指定第五点 E 点）
指定下一点或 [闭合(C)/拟合公差(F)] <起点切向>：（终止取点）
指定起点切向:（指定起点的切向点 F 点）
指定端点切向:（指定终点的切向点 G 点）

图 2-17（a）所示中的 F、G 点也可以用回车键确定，此时所绘制的曲线如图 2-17（b）所示。

（a）用 F、G 指定起点和终点的切向　　　（b）F、G 点用回车键确定

图 2-17　样条曲线

3．选项说明

命令提示中各选项含义如下：

● 闭合：使样条曲线起点、终点重合并且共享相同的顶点和切矢量，此时系统只提示

一次让用户给定切向点。

● 拟合公差：给定拟合公差，控制样条曲线对数据点的接近程度，拟合公差大小对当前图形有效。公差越小，曲线越接近数据点。

● 取消：该选项不在提示中出现，但用户可在选取任意一点后输入 U 取消该段曲线。

2.4.2　绘制圆

圆是一种常见的图形实体，可以用来表示柱、轴、孔等。如图 2-18 所示。当用户单击选项板上的"圆"按钮或用键盘输入 CIRCLE 命令时，系统将用默认方式"圆心，半径"画圆。

1．调用命令的方法

调用"圆"命令有如下方法：

● 命令：在命令行中输入 CIRCLE 或 C 后按回车键。

● 按钮：单击"默认"选项卡，在"绘图"选项板中单击"圆"按钮 。

2．命令提示

> 命令: CIRCLE
> 指定圆的圆心或 [三点(3P)/两点(2P)/切点、切点、半径(T)]:（拾取圆心 O）
> 指定圆的半径或 [直径(D)]:（拾取圆周上任一点 A）

在圆周上指定任意一点来确定半径，如图 2-19（a）所示。若输入 D 后按回车键则 AutoCAD 提示：

> 指定圆的半径或 [直径(D)] <27.6243>: D
> 指定圆的直径 <55.2487>:（拾取 A'点确定直径）

结果如图 2-19（b）所示。

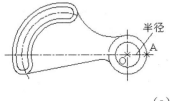
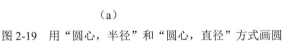

（a）　　　　　　　　　　　　　　（b）

图 2-19　用"圆心，半径"和"圆心，直径"方式画圆

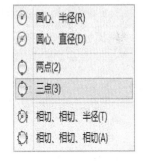

图 2-18　画圆的六种方法

3．选项说明

命令提示中各选项含义如下：

● 三点

选择该选项后，AutoCAD 提示：

> 指定圆的圆心或 [三点(3P)/两点(2P)/切点、切点、半径(T)]: 3P
> 指定圆上的第一个点:（拾取 A 点）

指定圆上的第二个点:（拾取 B 点）
指定圆上的第三个点:（拾取 C 点）

结果如图 2-20（a）所示。

● 两点

选择该选项后，AutoCAD 提示:

指定圆的圆心或 [三点(3P)/两点(2P)/切点、切点、半径(T)]: 2P
指定圆直径的第一个端点:（拾取 A 点）
指定圆直径的第二个端点:（拾取 B 点）

结果如图 2-20（b）所示。

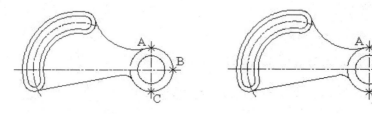

（a）三点定圆   （b）两点定圆

图 2-20　用"三点"和"两点"方式画圆

● 切点、切点、半径

选择该选项后，AutoCAD 提示:

指定圆的圆心或 [三点(3P)/两点(2P)/切点、切点、半径(T)]: T
指定对象与圆的第一个切点:（在第一切点实体上拾取一点 A）
指定对象与圆的第二个切点:（在第二切点实体上拾取一点 B）
指定圆的半径 <13.5>:50（指定圆的半径）

结果如图 2-21 所示。

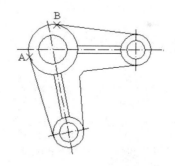

图 2-21　切点、切点、半径定圆

4. 三切点定圆

单击"默认"选项卡，在"绘图"选项板中单击"圆"按钮，在弹出的下拉菜单中单击"相切、相切、相切"命令，AutoCAD 提示:

命令: _circle 指定圆的圆心或 [三点(3P)/两点(2P)/切点、切点、半径(T)]: _3p
指定圆上的第一个点: _tan 到（在第一切点实体上拾取 A 点）
指定圆上的第二个点: _tan 到（拾取 B 点）

指定圆上的第三个点: _tan 到（拾取 C 点）

结果如图 2-22 所示。

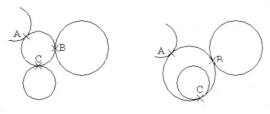

图 2-22　三切点定圆

 **专家指点**

> 由图 2-22 可以看出，选定的定位点（切点）不同，所获得的圆也不相同。

2.4.3　绘制圆弧

AutoCAD 2015 提供了 11 种画圆弧的方法，单击"菜单浏览器"按钮，在弹出的下拉菜单中单击"绘图>圆弧"命令，在弹出的子菜单中即可看到这 11 种方法，如图 2-23 所示。当用户单击"绘图"选项板上的"圆弧"按钮或用键盘输入 ARC 命令时，系统将选用默认方式（三点画弧）绘制圆弧。

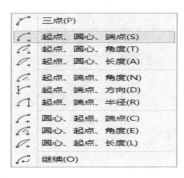

三点(P)	
起点、圆心、端点(S)	
起点、圆心、角度(T)	
起点、圆心、长度(A)	
起点、端点、角度(N)	
起点、端点、方向(D)	
起点、端点、半径(R)	
圆心、起点、端点(C)	
圆心、起点、角度(E)	
圆心、起点、长度(L)	
继续(O)	

图 2-23　画圆弧的 11 种方法

1．调用命令的方法

调用"圆弧"命令有如下方法：

- 命令：在命令行中输入 ARC 或 A 后按回车键。
- 按钮：单击"默认"选项卡，在"绘图"选项板中单击"圆弧"按钮。

2．命令提示

命令：ARC
指定圆弧的起点或 [圆心(C)]：（拾取弧的起点或选择圆心 A 点）
指定圆弧的第二个点或 [圆心(C)/端点(E)]：（拾取弧的第二点 B）

指定圆弧的端点:（拾取弧的终点C）

结果如图2-24所示。

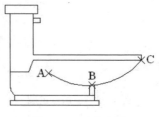

图2-24　三点定弧

3．起点、圆心方式

命令: ARC
指定圆弧的起点或 [圆心(C)]:（拾取弧的起点A或选择"圆心"选项）
指定圆弧的第二个点或 [圆心(C)/端点(E)]:C（选择"圆心"选项）
指定圆弧的圆心:（拾取圆心点B）
指定圆弧的端点或 [角度(A)/弦长(L)]:（拾取端点C）

若不拾取端点C而输入A或L，则可用该弧对应的中心角或弦长来确定弧。输入正的中心角时按逆时针画弧，输入负的中心角时按顺时针画弧。输入正的弦长则画小于180°的小弧，输入负的弦长则画大于180°的大弧，如图2-25所示。

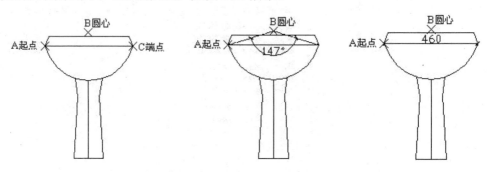

图2-25　起点、圆心方式画弧

4．起点、端点方式绘制圆弧

命令: ARC
指定圆弧的起点或 [圆心(C)]:（拾取弧的起点A或选择"圆心"选项）
指定圆弧的第二个点或 [圆心(C)/端点(E)]:E（选择"端点"选项）
指定圆弧的端点:（拾取端点B）
指定圆弧的圆心或 [角度(A)/方向(D)/半径(R)]:（拾取圆弧的圆心点C）

若不拾取圆心点C，而输入A可给定圆弧的中心角，输入D可给定弧的直径，输入R可给定弧的半径，如图2-26所示。

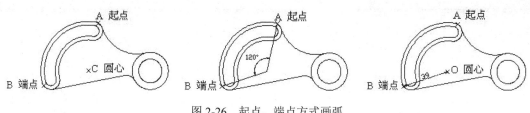

图 2-26　起点、端点方式画弧

5．继续画弧

在输入 ARC 后的第一个圆弧提示下按回车键能进入"继续"画弧状态，所画圆弧与最后绘制的线或弧的终点连接并且相切。与此相似，在直线命令的第一个提示下按回车键，可以从最后绘制的圆弧的终点开始画一条与圆弧相切的直线。

2.4.4　绘制椭圆和椭圆弧

在 AutoCAD 中绘制椭圆时，其形状是由定义了长度和宽度的两条轴所决定的，其中较长的轴称为长轴，而较短的轴称为短轴。除了绘制封闭的椭圆形外，还可以绘制开放的椭圆弧。

根据已知条件，可用 ELLIPSE 命令选择多种方式画椭圆，图 2-27 所示为绘制椭圆的子菜单项。

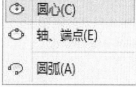

图 2-27　"椭圆"子菜单项

1．调用命令的方法

调用"椭圆"命令有如下方法：

- 命令：在命令行中输入 ELLIPSE 或 E 后按回车键。
- 按钮：单击"默认"选项卡，在"绘图"选项板中单击"圆心"按钮 。

2．命令提示

命令: ELLIPSE
指定椭圆的轴端点或 [圆弧(A)/中心点(C)]：（确定椭圆第一条轴的第一个端点 A）
指定轴的另一个端点：（确定该轴的第二个端点 B）
指定另一条半轴长度或 [旋转(R)]：（确定另一条半轴长度，即拾取短轴的端点 C）

结果如图 2-28 所示。

在上述命令提示中若不拾取 C 点，而输入 R，则 AutoCAD 提示：

指定另一条半轴长度或 [旋转(R)]:R
指定绕长轴旋转的角度:45（输入角度值）

输入角度值后生成的椭圆是平行于画面的、以 AB 为直径的圆旋转指定角度后在画面上的投影。图 2-29 列举了不同的旋转角度生成的椭圆。

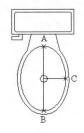

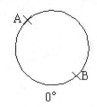

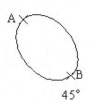

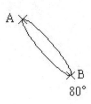

图 2-28　轴、端点画椭圆　　　　　　　图 2-29　不同的旋转角度生成的椭圆

3．给定中心画椭圆

单击"默认"选项卡，在"绘图"选项版中单击"圆心"命令，AutoCAD 提示：

指定椭圆的中心点：（指定椭圆的中心点 A）
指定轴的端点：（指定轴的端点 B）
指定另一条半轴长度或 [旋转(R)]：（指定另一条半轴长度即拾取点 C）

结果如图 2-30 所示。

4．画椭圆弧

单击"默认"选项卡，在"绘图"选项版的"圆心"右侧下拉菜单中单击 "椭圆"命令，AutoCAD 提示：

提示：

命令：_ellipse
指定椭圆的轴端点或 [圆弧(A)/中心点(C)]: _a
指定椭圆弧的轴端点或 [中心点(C)]：（指定椭圆弧的轴端点 A）
指定轴的另一个端点：（指定轴的另一个端点 B）
指定另一条半轴长度或 [旋转(R)]：（指定另一条半轴长度，即拾取另一条轴的端点 C）
指定起始角度或 [参数(P)]：（指定起始角度，即拾取点 D 给定起始角）
指定终止角度或 [参数(P)/夹角(I)]：（指定终止角度，即拾取点 E 给定终止角）

以上提示中起始角度和终止角度的后面也可直接输入数值，若选择"参数"选项则采用参数方程计算椭圆弧。

按照上述提示进行操作，结果如图 2-31 所示。

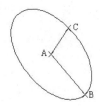

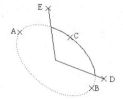

图 2-30　给定中心画椭圆　　　　　图 2-31　画椭圆弧

2.4.5　绘制圆环

圆环是指填充环或实体填充圆，即带有宽度的闭合多段线。当创建圆环时，需要指定它的内外直径和中心，通过指定不同的中心点，可以继续创建具有相同直径的多个圆环副本。

1．调用命令的方法

调用"圆环"命令有如下方法：
- 命令：在命令行中输入 DONUT 或 DO 后按回车键。
- 菜单：单击"默认"按钮，在"绘图"选项板的下拉菜单中单击"圆环"命令。

2．命令提示

```
命令: DONUT
指定圆环的内径 <0.5000>: 200
指定圆环的外径 <1.0000>: 300
指定圆环的中心点或 <退出>: (指定第一个圆环的中心点 A)
指定圆环的中心点或 <退出>: (指定第二个圆环的中心点 B)
指定圆环的中心点或 <退出>: (按回车键，结束命令)
```

结果如图 2-32 所示。若输入内径为零，则绘制实心圆，如图 2-33（a）所示。

3．改变填充模式

```
命令: FILL
输入模式 [开(ON)/关(OFF)] <开>: OFF
```

此时，填充圆环在调用重生成命令 REGEN 后，变成虚圆环，如图 2-33（b）所示。

（a）　　　　（b）

图 2-32　绘制圆环　　　　　　图 2-33　实心圆和虚圆环

2.4.6　绘制二维填充图形

使用 SOLID 命令可绘制三角形和四边形的颜色填充区域。如果要提高绘图速度，可以关闭 FILLMODE 系统变量，这样生成的填充区域是空心的。

1．调用命令的方法

调用"二维填充"命令有如下方法：
- 命令：在命令行中输入 SOLID 或 SO 后按回车键。
- 按钮：单击"默认"选项卡，在"绘图"选项板中单击"图案填充"命令。

2．命令提示

```
命令: SOLID
指定第一点: (拾取 A 点)
```

指定第二点：（拾取 B 点）
指定第三点：（拾取 C 点）
指定第四点或 <退出>:（拾取 D 点）
指定第三点：（拾取 E 点）
指定第四点或 <退出>:（拾取 F 点）
指定第三点：

以上操作所绘制的图形如图 2-34 所示。

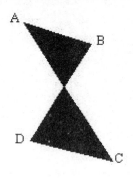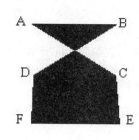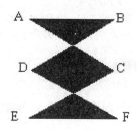

图 2-34　绘制二维填充图形

 专家指点

> A、B、C、D 四点的顺序不同，所生成的图形也不同，参见图 2-34。
> SOLID 命令只是进行颜色填充，和第 4 章中将要介绍的 HATCH（图案填充）命令相比，SOLID 命令所绘制的图形占用的磁盘空间要小得多。

2.5　绘制折线

多段线、矩形、正多边形等折线图形有一个共同特点，即不论它们从外观上看有几条边，它们都只是一条多段线。这与由多条直线形成的各类图形有着本质的不同，而且各类折线所形成的封闭图形可以在三维空间中进行实体拉伸。下面就分别讲述如何绘制这些折线图形。

2.5.1　绘制多段线

多段线是作为单个对象创建的相互连接的序列线段，一条多段线可以是直线段、弧线段，或两者都包括在内。

与单一的直线相比，多段线占有一定的优势，它提供了单条直线所不具备的编辑功能。用户可根据需要分别编辑每条线段、设置各线段的宽度、使线段的始末端点具有不同的线宽以及封闭、打开等样式。

1．调用命令的方法

调用"多段线"命令有如下方法：

- 命令：在命令行中输入 PLINE 或 PL 后按回车键。
- 按钮：单击"默认"选项卡，在"绘图"选项板中单击"多段线"按钮。

2．命令提示

命令: PLINE
指定起点:　(确定多段线的起始点)
当前线宽为 0.0000
指定下一个点或 [圆弧(A)/半宽(H)/长度(L)/放弃(U)/宽度(W)]:

3．选项说明

当用户选择"圆弧"选项时，AutoCAD 提示:

指定圆弧的端点或[角度(A)/圆心(CE)/方向(D)/半宽(H)/直线(L)/半径(R)/第二个点(S)/放弃(U)/宽度(W)]:

该提示中各选项含义如下:
- 角度：给定弧的中心角（顺时针为负）。
- 圆心：给定弧的中心。
- 方向：重新定义切线方向。
- 半宽：设置多段线的半宽。
- 直线：切换回画直线模式。
- 半径：提示输入圆弧的半径。
- 第二个点：选择三点画弧方式中的第二点。
- 放弃：取消上一次选项操作。
- 宽度：设置多段线的宽度。多段线的初始宽度和终止宽度可以不同，而且可全段设置。

4．绘图实例

命令: PLINE
指定起点: 20,50
当前线宽为 0.0000
指定下一个点或 [圆弧(A)/半宽(H)/长度(L)/放弃(U)/宽度(W)]: W
指定起点宽度 <0.0000>: 3
指定端点宽度 <3.0000>: 3
指定下一个点或 [圆弧(A)/半宽(H)/长度(L)/放弃(U)/宽度(W)]: 100,50
指定下一点或 [圆弧(A)/闭合(C)/半宽(H)/长度(L)/放弃(U)/宽度(W)]: A
指定圆弧的端点或[角度(A)/圆心(CE)/闭合(CL)/方向(D)/半宽(H)/直线(L)/半径(R)/第二个点(S)/放弃(U)/宽度(W)]: W
指定起点宽度 <3.0000>: 3
指定端点宽度 <3.0000>: 1
指定圆弧的端点或[角度(A)/圆心(CE)/闭合(CL)/方向(D)/半宽(H)/直线(L)/半径(R)/第二个点(S)/放弃(U)/宽度(W)]: 100,20
指定圆弧的端点或[角度(A)/圆心(CE)/闭合(CL)/方向(D)/半宽(H)/直线(L)/半径(R)/第二个点(S)/放弃(U)/宽度(W)]: L
指定下一点或 [圆弧(A)/闭合(C)/半宽(H)/长度(L)/放弃(U)/宽度(W)]: 20,20
指定下一点或 [圆弧(A)/闭合(C)/半宽(H)/长度(L)/放弃(U)/宽度(W)]:

结果如图 2-35 所示。

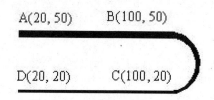

图 2-35　绘制多段线

2.5.2　绘制矩形

使用 RECTANG 命令绘制矩形时只需要给定矩形对角线上的两个端点，矩形各边的线宽由 PLINE 命令定义。

1．调用命令的方法

调用"矩形"命令有如下方法：

- 命令：在命令行中输入 RECTANGLE（REC）或 RECTANG 后按回车键。
- 按钮：单击"默认"选项卡，在"绘图"选项板中单击"矩形"按钮。

2．命令提示

命令: RECTANGLE
指定第一个角点或 [倒角(C)/标高(E)/圆角(F)/厚度(T)/宽度(W)]:

3．选项说明

命令提示中各选项含义如下：

- 指定第一个角点

当选择该选项时，将根据矩形的角点来完成绘制，当指定矩形的一个角点之后，AutoCAD 提示：

指定另一个角点或 [尺寸(D)]:

此时只要输入矩形中与第一点成对角的另一个点的位置，或者矩形两个对角点之间的距离，然后按回车键，即可绘制一个精确的矩形。

- 倒角

选择该选项可设置矩形的倒角尺寸，此时 AutoCAD 提示：

指定矩形的第一个倒角距离 <0.0000>:
指定矩形的第二个倒角距离 <0.0000>:

用户可根据需要在提示后依次输入精确的数值，然后按回车键，即可返回到上一级提示。

- 标高

选择该选项可指定矩形的标高，此时 AutoCAD 提示：

指定矩形的标高 <0.0000>:

● 圆角

选择该选项可设置所绘制矩形的圆角半径，此时 AutoCAD 将提示：

指定矩形的圆角半径 <0.0000>:

● 厚度

选择该选项可设置所绘制矩形的厚度，此时 AutoCAD 提示：

指定矩形的厚度 <0.0000>:

● 宽度

选择该选项可设置所绘制矩形的宽度，此时 AutoCAD 提示：

指定矩形的线宽 <0.0000>:

图 2-36 所示是执行不同选项绘制的矩形。

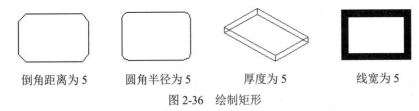

倒角距离为 5　　　圆角半径为 5　　　厚度为 5　　　线宽为 5

图 2-36　绘制矩形

2.5.3　绘制正多边形

正多边形也是较常用的闭合图形之一，它可以由 3～1024 条等边长的多段线绘制而成。

画正多边形时首先要输入边数，再选择按边或按中心来绘制，若按中心，则又分为按外接圆半径和按内切圆半径两种画法。

1．调用命令的方法

调用"正多边形"命令有如下方法：

● 命令：在命令行中输入 POLYGON 或 POL 后按回车键。

● 按钮：单击"默认"选项卡，在"绘图"选项板中单击"正多边形"按钮。

2．命令提示

命令: POLYGON
输入边的数目 <4>: （输入正多边形的边数后按回车键）
指定正多边形的中心点或 [边(E)]: （确定正多边形的中心点）

3．选项说明

命令提示中各选项含义如下：

● 指定正多边形的中心点

指定中心点后，AutoCAD 提示：

输入选项 [内接于圆(I)/外切于圆(C)] <I>: （选择一个选项，即"内接于圆"或"外切于圆"，默认为"内

接于圆"方式）

在此提示后，指定外接或内切圆的半径即可。

● 边

选择该选项后，输入第一端点，然后再输入第二端点按回车键即可。

图 2-37 所示为内接正多边形、外切正多边形。

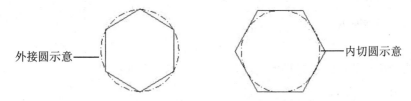

图 2-37 内接正多边形和外切正多边形

2.6 创建面域

面域是使用能形成闭合环的对象创建的二维闭合区域。闭合环可以是直线、多段线、圆、圆弧、椭圆、椭圆弧和样条曲线的组合。组成环的对象必须闭合或通过与其他对象共用端点而形成闭合区域。

1. 面域的作用

面域有如下几个方面的作用：

● 用于填充和着色。

● 分析特性（例如面积）。

● 提取设计信息，例如心形。

● 面域还常用于创建三维实体对象。

2. 创建面域的方法

创建面域有如下方法：

● 用 REGION 命令，可以通过多个环或者端点相连形成环的曲线来创建面域，不能通过非闭合对象内部相交构成的闭合区域构造面域，例如，相交的圆弧或自交的曲线。

● 使用 BOUNDARY 命令创建面域。

● 可以用布尔运算通过结合、减去或查找面域的交点创建复杂组合面域。形成这些较复杂的面域后，可以应用填充或者分析计算它们的面积。

2.6.1 使用 REGION 命令创建面域

用 REGION 命令可将包含封闭区域的对象转换为面域对象。

调用该命令后，系统提示选择要转换成面域的对象。当结束选择对象后，按回车键，AutoCAD 立即将选定的有效对象转换成面域。如果选择了多个有效的对象，则每个对象都变成一个单独的面域。

1．调用命令的方法

调用"面域"命令有如下方法：

- 命令：在命令行中输入 REGION 或 REG 后按回车键。
- 按钮：单击"默认"选项卡，在"绘图"选项板的下拉菜单中单击"面域"按钮。

2．命令提示

> 命令: REGION
> 选择对象:

在此提示下，用户可选择要转换成面域的一个或多个对象。在结束选择对象后，按回车键，可立即将选定的有效对象转换成面域，并报告提取的环的数量和创建的面域数量，类似提示如下：

> 已提取 1 个环。
> 已创建 1 个面域。

专家指点

> 在使用 REGION 命令将有效对象转换成面域时，系统变量 DELOBJ 控制是保留原对象，还是从图形中删除原对象。

面域的边界由端点相连的曲线组成，曲线上的每个端点仅连接两条边。AutoCAD 不接受所有相交或自交的曲线。

如果选定的多段线通过 PEDIT 命令中的"样条曲线"或"拟合"选项进行了平滑处理，则得到的面域将包含平滑多段线的直线和圆弧，此多段线并不转换为样条曲线对象。

如果原始对象是图案填充对象，那么图案填充的关联性将丢失。要恢复图案填充的关联性，必须重新填充此面域。

2.6.2　使用 BOUNDARY 命令创建面域

使用 BOUNDARY 命令既可以从任意一个闭合的区域创建一个多段线的边界，也可以创建一个面域。与 REGION 命令不同，使用 BOUNDARY 命令时，不需考虑对象是共用一个端点，还是出现了自相交。

BOUNDARY 命令将分析由对象组成的"边界集"。在单击"边界创建"对话框中的"拾取点"按钮后，AutoCAD 将提示选择图形中的一点，它决定了由已存在的对象形成的一个封闭区域的边界。

1．调用命令的方法

调用"边界"命令有如下方法：

- 命令：在命令行中输入 BOUNDARY 或 BO 后按回车键。
- 按钮：将工作空间切换为"三维建模"工作空间模式，单击"常用"选项卡，在"绘图"选项板中单击"边界"按钮 。

使用以上操作调用命令后，AutoCAD 将弹出如图 2-38 所示的"边界创建"对话框。

图 2-38　"边界创建"对话框

 专家指点

> 与 REGION 命令不同，BOUNDARY 命令在创建边界时，不会删除原始对象，不考虑系统变量 DBLOBJ 的设置。

如果在命令行中输入-BOUNDARY，则 AutoCAD 将提示：

指定内部点或 [高级选项(A)]:

2．选项说明

命令提示中各选项含义如下：

● 指定内部点：根据形成封闭区域的现有对象创建边界，指定区域内的点。

● 高级选项：设置 AutoCAD 用以创建边界的方法。选择该选项后，AutoCAD 提示：

输入选项 [边界集(B)/孤岛检测(I)/对象类型(O)]:

该提示中各选项含义如下：

● 边界集：定义 AutoCAD 从指定点创建边界时分析的对象集。关于在命令行上定义边界集详细信息的方法，可参见 BHATCH 命令提示中的"高级"选项。

● 孤岛检测：指定 AutoCAD 是否使用最外层边界内的对象作为边界对象。

● 对象类型：指定 AutoCAD 创建为边界的对象类型。

2.6.3　创建组合面域

使用 UNION、SUBTRACT、INTERSECT 命令可依次实现对面域进行相加、相减及相交运算。

1．面域相加

将工作空间切换为"三维建模"工作空间模式，单击"常用"选项卡，在"实体编辑"选项板中单击"实体、并集"按钮或在命令行中输入 UNION 并按回车键，AutoCAD 提示：

命令: UNION
选择对象：（选择需要进行并集运算的面域）
选择对象：（按回车键，结束命令）

图 2-39 所示即为面域相加的实例，其中（b）图为相加后的结果。

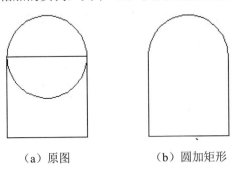

（a）原图　　　　（b）圆加矩形

图 2-39　面域相加

2．面域相减

将工作空间切换为"三维建模"工作空间模式，单击"常用"选项卡，在"实体编辑"选项板中单击"实体、差集"按钮在命令行中输入 SUBTRACT 并按回车键，AutoCAD 提示：

命令: SUBTRACT
选择要从中减去的实体或面域...
选择对象：（选择要从中减去的实体或面域）
选择对象：（按回车键，结束选择）
选择要减去的实体或面域 ..
选择对象：（选择要减去的实体或面域）
选择对象：（按回车键，结束命令）

图 2-40 所示即为面域相减的实例，其中（b）图为相减后的结果。

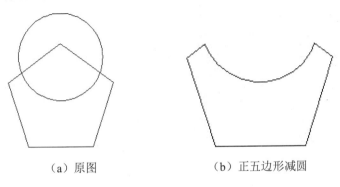

（a）原图　　　　（b）正五边形减圆

图 2-40　面域相减

3．面域相交

将工作空间切换为"三维建模"工作空间模式，单击"常用"选项卡，在"实体编辑"选项板中单击"实体、交集"按钮在命令行中输入 INTERSECT 并按回车键，AutoCAD 提示：

> 命令: INTERSECT
> 选择对象：（选择要执行交集运算的面域）
> 选择对象：（按回车键，结束命令）

图 2-41 所示即为面域相交的实例，其中（b）图为相交后的结果。

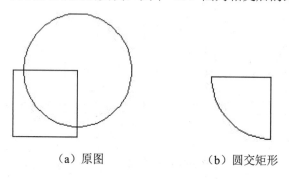

（a）原图　　　　　　　（b）圆交矩形

图 2-41　　面域相交

2.7　掌握"徒手画线"命令

在绘制图形过程中，有时需要绘制一些不规则的线条，AutoCAD 根据用户的这一需要提供了"徒手画线"命令。用户可以通过该命令，移动鼠标指针在屏幕上绘制出任意形状的线条或图形，就像在图纸上直接用笔画图一样。

调用"徒手画线"命令的方法是在命令行中输入 SKETCH 并按回车键，此时 AutoCAD 提示：

> 命令: SKETCH
>
> 类型 = 直线　增量 = 1.0000　公差 = 0.5000

AutoCAD 将鼠标指针移动的轨迹捕捉为一系列独立的线段，且移动的距离必须大于记录增量才能生成线段。记录的增量值定义直线段的长度，设置增量值后 AutoCAD 提示：

> 徒手画. 　画笔(P)/退出(X)/结束(Q)/记录(R)/删除(E)/连接(C)。

在此提示下在绘图窗口中的合适位置单击鼠标左键，AutoCAD 提示：

> <笔落>

此时移动鼠标指针即可在屏幕上绘制出鼠标指针经过的轨迹，图 2-42 所示。

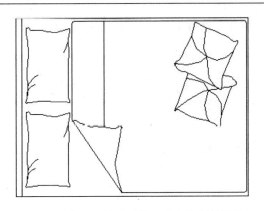

图 2-42　使用"徒手画线"命令绘制的图像

当再次单击鼠标左键时，AutoCAD 提示：

<笔提>

此时即完成了一次连续线段的绘制。下面解释命令行提示中其他选项的含义。

● 画笔：提笔和落笔。在单击菜单命令前必须提笔。

● 退出：记录以及报告临时徒手画线段数并结束命令。

● 结束：放弃从开始调用 SKETCH 命令或上一次使用"记录"选项时所有临时的徒手画线段，并结束命令。AutoCAD 将提示：

已记录 n 条直线

● 删除：删除临时线段的所有部分，如果画笔已落下，则提起画笔。AutoCAD 将提示：

删除：选择删除端点

● 连接：落笔，继续从上次所画的线段的端点或上次删除的线段的端点开始画线。AutoCAD 将提示：

连接：移动到直线端点

用 SKETCH 命令绘制的图形每个部分都是单独的实体。用户如果要选取图形进行编辑，建议用选取框进行选取。

习题与上机操作

一．填空题

1．点的大小和显示样式可以通过单击_____命令来设置。

2．绘制圆的方法有_____、_____、_____、_____、_____、_____。

3．绘制圆弧的方法有_____、_____、_____、_____、_____、_____、_____、_____、_____、_____、_____。

4．绘制正多边形的方法有_____、_____。

5. 使用_____命令可将包含封闭区域的对象转换为面域对象。

二．思考题

1．构造线主要用于辅助绘图，其绘制方法主要有哪些？

2．如何创建多线样式并绘制多线？

3．如何绘制有厚度的矩形？

4．如何绘制实心圆和虚圆环？

5．什么是面域？创建面域的方法有哪些？

三．上机操作

1．使用直线和点命令绘制如图 2-43 所示的茶杯。

2．使用直线、圆弧命令绘制如图 2-44 所示的马桶平面图。

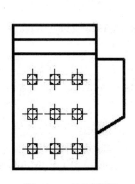

图 2-43 绘制茶杯

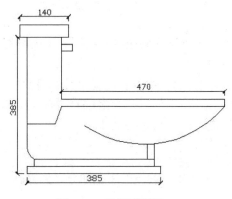

图 2-44 马桶平面图

第 3 章　精确绘制图形

通过本章的学习，读者应掌握在中文版 AutoCAD 2015 中使用坐标系的方法，以及利用栅格、捕捉和正交辅助定位点，捕捉对象上的几何点，对象自动追踪和查询距离、面积以及点坐标等操作。

学习重点和难点

- 使用坐标系
- 调整坐标系
- 设置栅格和捕捉
- 掌握对象捕捉模式的使用
- 查询距离、面积以及点坐标

3.1　使用坐标系

应该说，利用坐标来精确拾取点是用户最容易想到的办法。那么，AutoCAD 又提供了哪些方法来辅助用户使用坐标呢？在此之前，用户必须首先了解 AutoCAD 的坐标系。

AutoCAD 的默认坐标系为世界坐标系（又称 WCS），但是用户也可定义自己的坐标系，即用户坐标系（UCS）。

3.1.1　使用世界坐标系

当用户开始绘制一幅新图时，AutoCAD 默认地将该图形置于一个 WCS 中。用户可以设想 AutoCAD 的绘图窗口是一张绘图纸，其上设置了 WCS 并使之延伸到整张图纸。WCS 包括 X 轴、Y 轴（如果在 3D 空间工作，还有一个 Z 轴）。图纸上任何一点，都可以用与原点的位移表示。

按照规定，要输入点坐标，需要先输入该点在 X 方向的位移，再输入逗号，然后输入其在 Y 方向的位移，原点坐标为（0，0），点坐标位移从原点开始计算，沿 X 轴向右以及 Y 轴向上的位移被规定为正向。

中文版 AutoCAD 2015 默认在绘图窗口左下角处显示 WCS 图标，并且自动定义此处为坐标原点。如果坐标系不在坐标原点显示，则 WCS 图标将有所不同，如图 3-1 所示。

图 3-1　世界坐标系

3.1.2　使用用户坐标系

为了更好地辅助绘图,用户经常需要修改坐标系的原点和方向,这就是用户坐标系(UCS)产生的原因。用户坐标系的形状和世界坐标系基本一样,只是左下角没有了"□"标记,如图 3-2 所示。

在用户坐标系中,原点以及 X、Y、Z 轴方向都可移动及旋转,甚至可以依赖于图形中某个特定的对象而存在。尽管在用户坐标系中三个轴之间仍然互相垂直,但是在方向及位置上都有更大的灵活性。

要设置用户坐标系,可以单击"视图>坐标"来执行。

下面通过绘制如图 3-3 所示的图形来说明用户坐标系的创建和使用方法:

（1）单击"管理"按钮,在"坐标"选项版中单击"UCS"按钮 。

（2）单击绘图区的坐标系,并右键其坐标系,在右键菜单中单击"旋转轴",在拓展菜单中单击"旋转 Z 轴" ,然后在命令行中输入 45,将 UCS 绕 Z 轴旋转 45°,此时坐标系图标如图 3-4 所示。

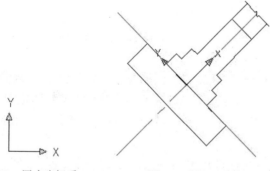

图 3-2　用户坐标系　　　　图 3-3　图形示例　　　　图 3-4　旋转角度后的坐标系图标

（3）单击"默认"选项卡,在"图层"选项板中单击"图层特性"按钮,弹出"图层特性管理器"对话框,在其中单击"新建图层"按钮,新建一个图层,并将其重命名为 CENTER 图层,"颜色"设置为红色,"线型"设置为 CENTER,然后将该图层置为当前图层,最后关闭该对话框。

（4）使用"直线"命令绘制两条中心辅助线。在命令行中输入 LINE 并按回车键,AutoCAD 提示:

```
命令: LINE
指定第一点: -70,0
```

指定下一点或 [放弃(U)]: 70,0
指定下一点或 [放弃(U)]:（按回车键，结束命令）
命令: LINE
指定第一点: 0,70
指定下一点或 [放弃(U)]: 0,-70
指定下一点或 [放弃(U)]:（按回车键，结束命令）

结果如图 3-5 所示。

（5）在"图层"选项板中单击"将对象的图层设为当前图层"按钮 右侧的下拉按钮，在弹出的下拉列表中选择"0 图层"，将其设置为当前图层。再次调用 LINE 命令，在命令行中输入 LINE 并按回车键，AutoCAD 提示：

命令: LINE
指定第一点: 0,20
指定下一点或 [放弃(U)]: 10,20
指定下一点或 [放弃(U)]: 10,15
指定下一点或 [闭合(C)/放弃(U)]: 20,15
指定下一点或 [闭合(C)/放弃(U)]: 20,10
指定下一点或 [闭合(C)/放弃(U)]: 55,10
指定下一点或 [闭合(C)/放弃(U)]: 55,-10
指定下一点或 [闭合(C)/放弃(U)]: 20,-10
指定下一点或 [闭合(C)/放弃(U)]: 20,-15
指定下一点或 [闭合(C)/放弃(U)]: 10,-15
指定下一点或 [闭合(C)/放弃(U)]: 10,-20
指定下一点或 [闭合(C)/放弃(U)]: 0,-20
指定下一点或 [闭合(C)/放弃(U)]:（按回车键，结束命令）

结果如图 3-6 所示。

 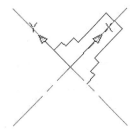

图 3-5　绘制两条中心辅助线　　　图 3-6　绘制轮廓线

（6）使用同样的命令再次绘制四条直线，其坐标分别是：

第 1 条：（55，10），（70，10）　　第 2 条：（55，-10），（70，-10）

第 3 条：（70，12），（70，2）　　第 4 条：（70，-12），（70，-2）

（7）使用"样条曲线"命令绘制曲线，然后在命令行中输入 SPLINE 并按回车键，AutoCAD 提示：

命令: SPLINE
指定第一个点或 [方式(M)/节点(K)/对象(O)]: 70,2
指定下一点: 71,1
指定下一点或 [闭合(C)/拟合公差(F)] <起点切向>: 70,0
指定下一点或 [闭合(C)/拟合公差(F)] <起点切向>: 69,-1

指定下一点或 [闭合(C)/拟合公差(F)] <起点切向>: 70,-2
指定下一点或 [闭合(C)/拟合公差(F)] <起点切向>:（按回车键，结束命令）

结果如图 3-7 所示。

（8）使用"直线"命令绘制图形的垫层，其四点坐标分别为：（-20，40）、（0，40）、（0，-40）、（-20，-40），结果如图 3-8 所示。

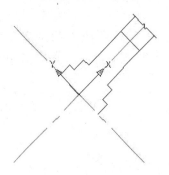
图 3-7　绘制样条曲线

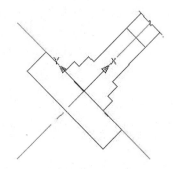
图 3-8　绘制垫层

3.1.3　调整坐标系

通过使用 ViewCube 命令中的子命令可以方便地创建 UCS，这些子命令包括"世界""对象""面""视图""原点""Z 轴矢量""三点"、X、Y、Z 等，其含义分别如下：

● 世界：将当前坐标系恢复为世界坐标系。

● 对象：该命令允许用户快速简单地建立当前的用户坐标系，以使被选取对象位于新的 XY 平面，X 轴和 Y 轴的方向取决于用户选择对象的类型。表 3-1 列出了各种对象的 UCS 定义方法。

表 3-1　UCS 对象定位

对象类型	UCS 定义方法
圆弧	圆弧中心点为新原点，X 轴指向离被选点最近的圆弧的端点
圆	圆心为新原点，X 轴指向拾取点
点	该点作为新原点
尺寸标注	标注文字的中点成为新原点，X 轴平行于绘制标注文字时的 X 轴
直线	离被选点最近的直线端点为原点，AutoCAD 选择新 X 轴，以使直线位于新 UCS 的 XZ 平面，直线的第二个端点的 Y 坐标为 0
2D 多段线	多段线起点为新原点，X 轴指向多段线的第二个顶点
填充多边形	填充多边形的第一点为原点，X 轴通过实体的第二点
填充直线	填充直线第一点为原点，其中心线为 X 轴
3D 面	3D 面的第一点为原点，X 轴通过其第二点，3D 面第 4 点决定 Y 轴方向，Z 轴依据右手规则确定
文字、块参照、属性定义	该对象的插入点成为新 UCS 原点，新 X 轴由对象绕其拉伸方向旋转定义。用于建立新 UCS 的对象在新 UCS 中的旋转角度为零

● 面：依靠选定面建立当前用户坐标系，此时 XY 平面被设置为与选定实体的面平行，且离选取点最近的角点被作为原点，X 轴指向拾取点。

● 视图：设置 UCS 平行于用户当前屏幕，原点不变。若想注释当前视图且要文本平面显示时，则"视图"选项十分有用。

● 原点：设置坐标原点。可用该选项在任何高度建立坐标系。

● Z 轴矢量：能通过定义 Z 轴的正向来设置当前 XY 半面。此时，用户需要选择两点，第一点被作为新的坐标系原点，第二点决定 Z 轴的正向，XY 平面将垂直于新的 Z 轴。

● 三点：该命令允许用户在 3D 空间的任意位置定义坐标系，其中第一个点定义坐标系原点，第二个点定义 X 轴正向，第三个点定义 Y 轴正向。

● X/Y/Z：通过绕 X、Y、Z 轴旋转当前的 UCS，建立新的 UCS。

3.1.4　保存和恢复命名坐标系

在中文版 AutoCAD 2015 中用户可通过如下两种方法保存和恢复命名坐标系。

● 命令：在命令行中输入 DDUCS 后按回车键。

● 按钮：单击"管理"按钮，在"坐标"选项板中单击"命名 UCS"命令。

使用以上任一方法，AutoCAD 都将弹出 UCS 对话框，单击"命名 UCS"选项卡。用户可以通过在其中的"当前 UCS"列表中选择"世界""上一个"选项或某个 UCS，然后单击"置为当前"按钮来恢复世界坐标系、恢复上次设置的 UCS 或将某个 UCS 设置为当前UCS。其中，当前 UCS 默认的名称为"未命名"。如果希望重命名、删除某个自定义坐标系，可以在该坐标系上单击鼠标右键，在弹出的快捷菜单中选择适当的选项，如图 3-9 所示。

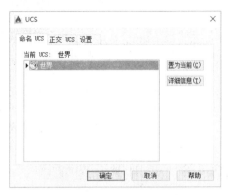

图 3-9　"命名 UCS"选项卡

3.1.5　控制坐标系图标显示

在中文版 AutoCAD 2015 中用于控制坐标系图标显示的命令为 UCSICON。

1．调用命令的方法

调用控制坐标系图标显示有如下方法：

● 命令：在命令行中输入 UCSICON 后按回车键。

2．命令提示

命令: UCSICON
输入选项 [开(ON)/关(OFF)/全部(A)/非原点(N)/原点(OR)/特性(P)] <开>:

3．选项说明

命令提示中各选项含义如下：

- 开：在当前视区中打开 UCS 图标显示。
- 关：在当前视区中关闭 UCS 图标显示。
- 全部：把当前 UCSICON 命令所做设置应用到所有有效视区中，并且重复命令提示。
- 非原点：在视区的左下角显示 UCS 图标，而不管当前坐标系的原点在何位置。
- 原点：在当前坐标系的原点处显示 UCS 图标。在显示 UCS 图标时，在它的左下角有一个小的十字。如果这个原点位于可视区域的外面或图标的一部分在可视区域外，则此图标将显示在视区的左下角。
- 特性：控制 UCS 图标的显示特性，选择此选项将弹出如图 3-10 所示的"UCS 图标"对话框。在该对话框中可以设置 UCS 图标的样式、大小、颜色和布局选项卡图标颜色等。

此外利用如图 3-11 所示的 UCS 对话框的"设置"选项卡，也可对 UCS 图标和 UCS 进行设置。

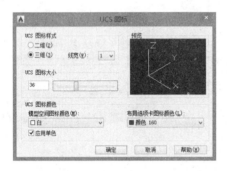 

图 3-10 "UCS 图标"对话框　　　　图 3-11 "设置"选项卡

3.1.6 使用坐标选取点

了解 AutoCAD 的坐标系后，下面介绍如何用其定位点。在 AutoCAD 中，用户绘制的大多数图形都由很少的几个 AutoCAD 基本对象所构成的，如直线、圆弧、圆和文本等。所有这些对象都要求用户输入点以指定它们的位置、大小和方向，如图的中心、线段的起点和弧的终点等。

1. 绝对坐标

如果用户知道点的绝对坐标，或它们从（0，0）坐标点出发的角度和距离，则可从键盘上以几种方式输入坐标，包括直角坐标、极坐标、球坐标、柱坐标等。柱坐标和球坐标均为涉及 Z 轴的坐标，故它们仅用于 3D 坐标空间，将在后面的章节中对其进行具体介绍。

（1）直角坐标

用户可用分数、小数或科学计数法等形式输入点的 X、Y、Z 坐标值，坐标间用逗号隔开。例如，（8.5，6.5，3.5）和（8.0，2.9，7.5）均为合法的坐标值。

专家指点

> 在二维空间中，坐标只有 X 轴和 Y 轴位移量，Z 坐标默认为 0 或采用当前默认高度。因此，用户仅需输入 X、Y 坐标即可。例如，（2.5，8.5）、（5.5，1.6）均为合法的平面坐标。

（2）极坐标

极坐标也把输入点看成是对原点的位移，只不过给定的是距离和角度。其中，距离和角度用"<"号分开，且规定 X 轴正向为 0°，Y 轴正向为 90°。

例如，6.2<60 表示该点距原点的直线距离为 6.2，与原点之间的连线和 X 轴的夹角为 60°；4.5<45 表示该点距原点的直线距离为 4.5，与原点之间的连线和 X 轴的夹角为 45°。图 3-12 所示为极坐标表示方法示意图。

2．相对坐标

正如用户在前面所看到的，使用绝对坐标是有局限的。更多的情况下，用户只知道一个点相对于上一个点的 X 和 Y 方向上的位移，或距离和角度，以这种方式输入的坐标即为相对坐标。

在 AutoCAD 中，直角坐标和极坐标都可以指定为相对坐标。需要说明的是，在相对极坐标中，角度为新点与上一点连线与 X 轴的夹角，如图 3-13 所示。

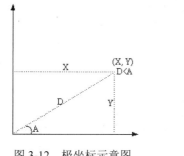

图 3-12　极坐标示意图

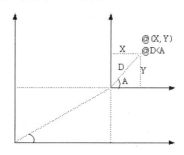

图 3-13　相对极坐标示意图

3.2　利用栅格、捕捉及正交辅助定位点

当用户绘制初始对象时，只能通过移动光标和输入坐标的方法来定位点。用户在使用光标定位点时很难准确指定某个位置，总会存在或多或少的误差。例如，用户本来希望将光标定位在（200，100）位置，但是，移动光标时不是移动到（199.5321，99.2659），就是移动到了（202.6896，100.5961）。因此，必须借助一些其他方法来辅助光标定位。为此，AutoCAD提供了栅格、捕捉和正交辅助绘图功能。

3.2.1　显示栅格

栅格主要用于显示一些指定位置的小点，从而给用户提供直观的距离和位置参照，如图3-14 所示。

在 AutoCAD 2015 中，用户可以通过单击状态栏中的"栅格显示"按钮▦或按【F7】键，打开或关闭栅格显示，它以上一次设置的间隔距离打开栅格。用于设置栅格显示及间距的命令是 GRID。DDRMODES 命令则提供了除用于栅格显示控制之外的更多选择，使用该命令将弹出"草图设置"对话框的"捕捉和栅格"选项卡，有关该选项卡的介绍请参考后面的内容。

执行 GRID 命令时主要选项的含义如下：

● 指定栅格间距：默认选项，用于设置栅格间距，如其后跟 X，则用捕捉增量（它控制光标的移动间隔）的倍数来设置栅格。

- 开：打开栅格显示（按【F7】键）。
- 关：关闭栅格显示（再次按【F7】键）。
- 捕捉：设置显示栅格间距，并使其等于捕捉间距。
- 纵横向间距：设置显示栅格的水平及垂直间距，用于设定不规则的栅格。

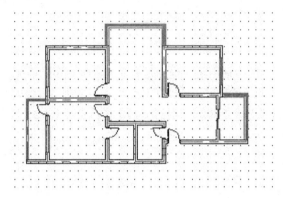

图 3-14　打开栅格显示

 专家指点

　　设置栅格时，栅格间距不要太小，否则将导致图形模糊及屏幕重画太慢，甚至无法显示栅格。

　　栅格设置不一定局限于正方形的栅格，有时纵横比不是 1:1 的栅格可能更有用。

　　如果设置了图限，则仅在图限区域内显示栅格。

3.2.2　设置捕捉

　　捕捉用于设定光标的移动间距。在中文版 AutoCAD 2015 中，捕捉类型有栅格捕捉和极轴捕捉两种。若选择栅格捕捉类型，则光标只能在栅格方向上精确移动；若选择极轴捕捉类型，则光标可在极轴方向上精确移动。

　　用户可以通过单击状态栏上的"捕捉模式"按钮或按【F9】键，打开或关闭捕捉。设置捕捉的命令是 SNAP，其各选项的含义如下：

- 指定捕捉间距：设置捕捉增量。
- 开：打开捕捉。
- 关：关闭捕捉（默认）。
- 纵横向间距：设置捕捉的水平及垂直间距，用于设定不规则的捕捉。
- 样式：选定标准或等轴测捕捉。其中，"标准"样式设置通常的捕捉格式，而"等轴测"样式则用于设置三维图形的捕捉格式。
- 类型：用于设置捕捉类型（极轴或栅格）。

 专家指点

　　"样式"选项中的"等轴测"选项用于轴测图绘制，它以 30°、90°、150°、210°、270°

和 330° 为基础。

　　捕捉间距最好设为显示栅格的几分之一，这样有利于按栅格调整捕捉点。

　　设置捕捉的另外一种有效的方法是，在命令行输入 "DS" 并回车，利用弹出的 "草图设置" 对话框中的 "捕捉和栅格" 选项卡来设置。

3.2.3　使用正交模式

　　打开正交模式，意味着用户只能绘制水平或垂直线。用户可以通过单击状态栏上的 "正交模式" 按钮 或在命令行中输入 ORTHO 命令或按【F8】键，来打开或关闭正交模式。

3.2.4　使用 "草图设置" 对话框设置栅格和捕捉

　　在命令行中输入 DDRMODES 命令，可打开如图 3-15 所示的 "草图设置" 对话框，利用该对话框可查看、修改以及显示栅格、捕捉、正交、极轴追踪和其他工作模式。

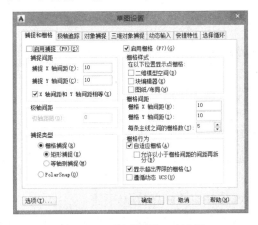

图 3-15　"草图设置" 对话框

该对话框中主要选项的含义如下：

● 启用捕捉与启用栅格：通过选中或取消选择这两个复选框，可打开/关闭捕捉及栅格。

● 捕捉 X 轴间距、捕捉 Y 轴间距、栅格 X 轴间距与栅格 Y 轴间距：用于设置捕捉和栅格间距。

● X 轴间距和 Y 轴间距相等：使捕捉间距和栅格间距强制使用同一 X 和 Y 间距值。捕捉间距可以与栅格间距不同。

● 每条主线之间的栅格数：指定主栅格线相对于次栅格线的频率。

● 极轴距离：选中 "捕捉类型" 选项区中的 "PolarSnap" 单选按钮时，可以设置捕捉增量距离。如果该值为 0，则 PolarSnap 距离采用 "捕捉 X 轴间距" 的值。"极轴距离" 设置与极坐标追踪和对象捕捉追踪结合使用。如果两个追踪功能都未启用，则 "极轴距离" 设置无效。

● 栅格捕捉：设置捕捉模式为按栅格进行捕捉。此时还可利用其下的 "矩形捕捉" 与 "等轴测捕捉" 单选按钮进一步设置栅格捕捉模式。

3.3 捕捉对象上的几何点

一般而言，无论用户怎样调整捕捉间距，圆、圆弧等图形对象上的大部分点均不会直接落在捕捉上。此时若想选取这些对象上的某些点，如直线中点、端点、圆心、圆角限点等，必须利用下面介绍的对象捕捉方法。

AutoCAD 向用户提供了一组称为对象捕捉的工具，帮助用户使用对象捕捉。为了明白对象捕捉的含义，用户必须记住直线有中点和端点，圆有中心和象限点等基本概念。当用户制图的时候，经常要把直线连接到这些点上。

AutoCAD 的对象捕捉方法是利用图形连接点的几何过滤器，它辅助用户选取指定点（如交点、垂足等）。例如，想用两条直线的交点，则可设置为对象捕捉交点模式，当拾取靠近交点的一个点时，系统将自动捕捉直线的准确交点。

3.3.1 掌握对象捕捉模式

单击"草图设置"对话框中的"对象捕捉"选项卡（如图 3-16 所示），或者在命令行中输入 OSNAP 并按回车键都可设置对象捕捉模式。用户也可以在接收点输入的任何提示下直接输入对象捕捉模式的名称缩写（捕捉模式名称中的大写字母部分，例如，MID 表示捕捉中点，TAN 表示捕捉切点）。

选择捕捉模式后，在靠近需要的几何点拾取一个点或输入坐标之后，AutoCAD 就会捕捉到准确的几何点。

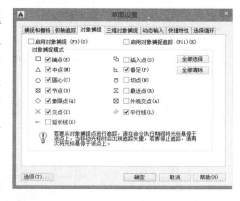

图 3-16 "对象捕捉"选项卡

下面简要介绍每种捕捉模式的特点。

● 端点：捕捉直线、圆弧或多段线离拾取点最近的端点，以及离拾取点最近的填充直线、填充多边形或 3D 面的封闭角点。

● 中点：捕捉直线、多段线或圆弧的中点。

● 圆心：捕捉圆弧、圆或椭圆的圆心。

● 节点：捕捉点对象，包括尺寸的定义点。

● 象限点：捕捉圆弧、圆或椭圆上 0°、90°、180°或 270°处的点。

● 交点：捕捉直线、圆弧、圆、多段线和另一直线、多段线、圆弧或圆的任何组合最近的交点。如果第一次拾取时选择一个对象，AutoCAD 将会提示输入第二个对象，捕捉的是两个对象真实的或延伸的交点。该捕捉模式不能和外观交点捕捉模式同时有效。

● 延长线：捕捉延伸点。即当光标移出对象的端点时，系统将显示沿对象轨迹延伸出来的虚拟点。

● 插入点：捕捉插入图形文件中的文本、属性和符号（块或形）的原点。

● 垂足：捕捉直线、圆弧、圆、椭圆或多段线上一点（对于用户拾取的对象），该点从最后一点到用户拾取的对象形成一条正交（垂直）线，结果点不一定在该对象上。

● 切点：捕捉与圆、椭圆或圆弧相切的点，该点从最后一点到要拾取的圆、椭圆或圆弧形成一条切线。

● 最近点：捕捉对象上最近的点，一般是端点、垂足或交点。

● 外观交点：该模式与交点捕捉相同，只是它还可以捕捉 3D 空间中两个对象的视图交点（这两个对象实际上不一定相交，但看上去相交）。在 2D 空间中，外观交点捕捉模式和交点捕捉模式是等效的。

● 平行线：用于捕捉与选定点平行的点。

3.3.2　运行捕捉模式与覆盖捕捉模式

通过单击状态栏中的"对象捕捉"按钮打开"对象捕捉"模式后，用户在"草图设置"对话框的"对象捕捉"选项卡中所设置的对象捕捉模式将始终有效。这种捕捉模式被称为运行捕捉模式。由于系统的默认对象捕捉模式为"端点""圆心""交点"与"延伸"，因此，只要打开"对象捕捉"模式，用户在绘图时就可以始终捕捉这几类点。

在实际绘图时，经常需要捕捉某些特定类型的点（如上例中的切点）。为此，系统提供了另外一种对象捕捉模式，这就是覆盖捕捉模式。所谓覆盖捕捉模式，是指用户直接在点提示下设置的捕捉模式。例如，通过在命令行中输入 TAN 捕捉切点等。一旦设置了覆盖捕捉模式，所有运行捕捉模式将被禁止，从而使用户能够捕捉到所要的点。当用覆盖捕捉模式捕捉到所要的点后，覆盖捕捉模式将自动结束，系统将恢复为运行捕捉模式。

专家指点

> 在点提示下，按下【Shift】键的同时单击鼠标右键，系统将弹出如图 3-17 所示的快捷菜单，用户可用该快捷菜单设置覆盖捕捉模式。

图 3-17　快捷菜单

3.3.3　设置对象捕捉参数

单击"菜单浏览器"按钮，在弹出的下拉菜单中单击"选项"按钮，在弹出的"选项"对话框的"绘图"选项卡中，用户还可设置一些与对象捕捉相关的参数，如图 3-18 所示。

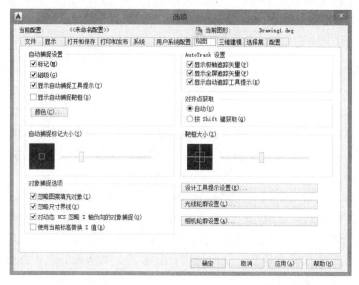

图 3-18　使用"绘图"选项卡设置与对象捕捉相关的参数

其中，捕捉标记是指当光标移至某些特殊点（如端点、圆心等）时显示在屏幕上的方框，用来告诉用户当前的捕捉点。靶框定义围绕光标所在位置的分析区域。当图形比较密集时，可以适当缩小靶框尺寸以便更精确地进行捕捉。此外，"自动捕捉设置"选项区中各复选框的含义如下：

- 标记：确定是否显示自动捕捉标记。
- 磁吸：确定是否将光标自动锁定到最近的捕捉点上。
- 显示自动捕捉工具提示：控制是否显示捕捉点类型提示。
- 显示自动捕捉靶框：控制是否显示自动捕捉靶框。

3.4　使用对象自动追踪

当同时打开对象捕捉和对象捕捉追踪后，如果光标靠近某个捕捉点时，系统将在该捕捉点与光标当前位置之间显示一条辅助线，并说明该辅助线与 X 轴正向之间的夹角。沿着该辅助线拖动光标，即可精确定位点，这种技术被称为对象自动追踪。

对象自动追踪包含两种追踪选项：极轴追踪和对象追踪。用户可以通过单击状态栏上的"极轴追踪"按钮 或"对象捕捉追踪"按钮 打开或关闭相应选项。对象捕捉追踪应与对象捕捉配合使用，也就是说，在对象的捕捉点开始追踪之前，必须首先设置对象捕捉。

3.4.1　使用极轴追踪与捕捉

使用极轴追踪时，对齐路径由相对于起点和端点的极轴角定义，如图 3-19 所示。要打开或关闭极轴追踪，可单击状态栏上的"极轴追踪"按钮或按【F10】键。

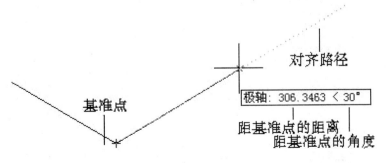

图 3-19　极轴追踪

1．设置极轴角

所谓极轴角是指极轴与 X 轴或前面绘制的对象的夹角。设置极轴角可以通过在命令行输入"DS"并回车，在弹出的"草图设置"对话框的"极轴追踪"选项卡中进行设置来实现，如图 3-20 所示。

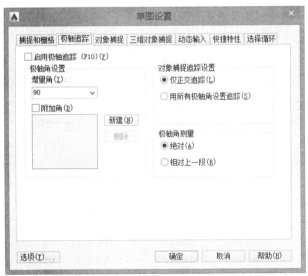

图 3-20　"极轴追踪"选项卡

该选项卡中的各选项和选项区含义如下：

● 启用极轴追踪：通过选中或取消选择该复选框，可打开或关闭极轴追踪。

● 增量角：设置极轴角的递增角度。默认情况下，增量角为 90°，因此，系统只能沿 X 轴或 Y 轴方向进行追踪。如果将增量角设置为 30°，则用户在确定起点后，可沿 0°、30°、60°、90°等方向进行追踪。

● 附加角：通过设置附加角，可沿某些特殊方向进行极轴追踪。例如，如果用户希望沿 80°方向进行极轴追踪，则可以在选中"附加角"复选框后单击"新建"按钮，在列表中添加 80°作为附加角，如图 3-21 所示。

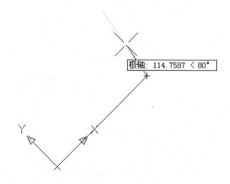

图 3-21　利用附加角沿选定方向进行追踪

● 极轴角测量：定义极轴角的增量角后，选中"绝对"单选按钮表示以先前 UCS 的 X 轴为基准计算极轴角；选中"相对上一段"单选按钮表示以最后创建的对象为基准计算极轴追踪角。

2．设置极轴捕捉

默认情况下，捕捉类型为矩形捕捉。因此，打开捕捉后，光标沿极轴追踪时仍遵循 X、Y 捕捉设置进行移动。如果用户希望光标沿极轴精确移动，可以设置极轴捕捉。为此，打开"草图设置"对话框中的"捕捉和栅格"选项卡，选中"PolarSnap"（极轴捕捉）单选按钮，并且利用"极轴距离"文本框设置极轴捕捉间距，如图 3-22 所示。

图 3-22　设置极轴捕捉

图 3-23 所示为打开矩形捕捉和打开极轴捕捉时的极轴追踪比较。其中，左图由于未打开极轴捕捉，因而无法沿极轴追踪方向精确定位点；对于右图来说，由于打开了极轴捕捉，并将极轴距离定义为 10，因而可以沿极轴追踪方向精确定位点，例如，可以捕捉 0<30、10<30、110<30 等位置。

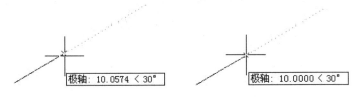

图 3-23　打开矩形捕捉和极轴捕捉时的极轴追踪比较

> 要使极轴捕捉起作用，必须单击状态栏中的"对象捕捉追踪"按钮，打开对象捕捉追踪模式。

3．正交模式对极轴追踪的影响

如前所述，如果打开正交模式，光标将被限制沿水平或垂直方向移动。因此，正交模式和极轴追踪模式不能同时打开。若打开了正交模式，极轴追踪模式将被自动关闭；反之，打开了极轴追踪模式，正交模式将被关闭。

4．自定义极轴角

在使用极轴追踪时，用户除了可用前面设置的极轴角外，还可通过在命令行输入"<数值>"来自定义极轴角。

3.4.2　使用对象捕捉追踪

利用对象捕捉追踪，即根据捕捉点沿正交方向或极轴方向进行追踪。要启用或关闭对象捕捉追踪，可以单击状态栏上的"对象捕捉追踪"按钮 ∠，或在"草图设置"对话框的"对象捕捉"选项卡中选中或取消选择"启用对象捕捉追踪"复选框。

要设置对象捕捉追踪方向，可在"草图设置"对话框的"极轴追踪"选项卡中选中"对象捕捉追踪设置"选项区中的"仅正交追踪"或"用所有极轴角设置追踪"单选按钮。

3.4.3　使用临时追踪点

利用临时追踪点，用户可在一次操作中创建多条追踪线，然后根据这些追踪线确定所要定位的点。例如，用户已经绘制了一个矩形，现在希望绘制一个以该矩形中心为圆心的圆，便可按如下步骤进行操作：

（1）单击状态栏上的"对象捕捉"按钮和"对象捕捉追踪"按钮，打开对象捕捉和对象追踪设置。

（2）将光标置于状态栏上的"对象捕捉"按钮上，单击鼠标右键，在弹出的快捷菜单

中选择"设置"选项，将弹出"草图设置"对话框的"对象捕捉"选项卡。

（3）选中其中的"启用对象捕捉"复选框，在"对象捕捉模式"选项区中选中"中点"复选框，单击"确定"按钮关闭该对话框。

（4）单击"常用"选项卡，在"绘图"选项板中单击"圆心"按钮，将光标移至矩形下边线的中点处捕捉该点，该点即被作为临时追踪点。

（5）将光标向上拖动，将出现对齐路径，如图 3-24 所示。

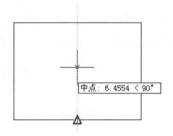

图 3-24　获取临时追踪点以及出现的对齐路径

（6）将光标上下慢慢移动，当接近矩形中心位置时，将出现两条对齐路径，以指示此时捕捉到两个中点，如图 3-25 所示。

（7）在此处单击确定圆心，然后在命令行中输入半径画圆，结果如图 3-26 所示。

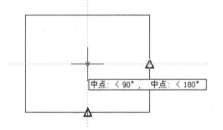 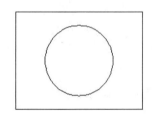

图 3-25　出现两条对齐路径　　　　　　图 3-26　以矩形中心点为圆心画圆

实际上，追踪功能类似于.X 和.Y 过滤器的联合。用户只要不结束追踪，就可一直追踪下去，直到找到所需要的点为止。

3.4.4　使用点过滤器进行多点追踪

AutoCAD 为用户提供了一种称为点过滤器的功能，利用该功能可以灵活地组合使用捕捉点的不同坐标。例如，在图 3-27 中，如果希望绘制一个圆，其圆心的 X 坐标为直线 A 中点的 X 坐标，而其 Y 坐标为圆 B 的圆心的 Y 坐标，此时就可以使用点过滤器。

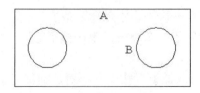

图 3-27　点过滤器应用示例

用户可在 AutoCAD 提问点的任何时候激活点过滤器，方法是在需要过滤的坐标名（X、Y、Z 或其组合）前加点 "."。例如，.X、.YZ 等均为合法的点过滤器，前者表示新点的 X 坐标采用下一捕捉点的 X 坐标，后者表示新点的 YZ 坐标采用下一捕捉点的 YZ 坐标。如果此时还没有形成一个完整的点，AutoCAD 将出现一个提示（如需要 YZ、需要 X 等）。

下面介绍使用点过滤器绘制前面示例的方法。

（1）将光标置于状态栏上的 "对象捕捉" 按钮上，单击鼠标右键，在弹出的快捷菜单中选择 "设置" 选项，弹出 "草图设置" 对话框。

（2）单击该对话框中的 "对象捕捉" 选项卡，选中其中的 "启用对象捕捉" 复选框，在 "对象捕捉模式" 选项区中选中 "中点" 和 "圆心" 复选框，单击 "确定" 按钮关闭该对话框。

（3）在 "常用" 选项卡的 "绘图" 选项板中单击 "圆心" 按钮，准备画圆。

（4）将光标移至直线 A 的中点附近，捕捉其中点，如图 3-28 所示。

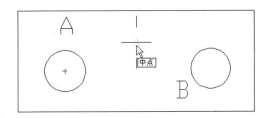

图 3-28　捕捉直线 A 的中点

（5）单击鼠标左键，将光标移至圆 B 的圆心附近，再向左移动光标，将出现如图 3-29 所示的提示。

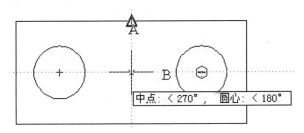

图 3-29　捕捉圆 B 的圆心

（6）单击确定圆心并在命令行中输入半径，结束画圆，结果如图 3-30 所示。

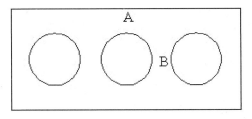

图 3-30　使用点过滤器进行多点追踪画圆

3.5　查询距离、面积及点坐标

在 AutoCAD 中，单击"默认"选项卡，在"实用工具"选项板中 "测量"按钮下的下拉菜单中单击"距离" ⊢——⊣。 查找，如"距离""面积"与"点坐标"命令，可以分别测量距离、面积和点坐标，其对应的命令分别为 DIST、AREA 和 ID。

DIST 命令为一个透明命令，用于测量两拾取点间的距离、两点虚构线在 XY 平面内的夹角（用于 2D 及 3D 空间）以及与 XY 平面的夹角（对于 3D 空间）。该命令最好配合对象捕捉方法一起使用，以便精确测量。执行 DIST 命令后的提示如下（NNN 表示一具体数据）：

> 距离（计算出的距离）= NNN，XY 平面中的倾角 = NNN，与 XY 平面的夹角 = NNN
> X 增量（X 坐标变化）= NNN，Y 增量（坐标变化）= NNN，Z 增量（Z 坐标变化）= NNN

AREA 命令用于测量对象及所定义区域的面积和周长。用户也可通过选择封闭对象（如圆、封闭多段线）或拾取点来测量面积，多点之间以直线（实际不一定存在）连接，且最后一点和第一点形成封闭区域。用户甚至可以选取一条开放多段线，此时系统假定多段线之间有一条连线使之封闭，然后计算出相应的面积，而所计算的周长则为真正多段线的长度。不过，所有点要在与当前 UCS 的 XY 平面相平行的平面内。

ID 命令用于显示所选点的坐标，或在用户输入的坐标位置显示一个标志。其中，对于三维对象，使用对象捕捉可以显示 Z 坐标值，否则，Z 值反映的是当前标高。

习题与上机操作

一．填空题

1. AutoCAD 的默认坐标系称为＿＿＿＿＿＿（又称＿＿＿＿＿＿），但是用户也可定义自己的坐标系，即＿＿＿＿＿＿（又称＿＿＿＿＿＿）。

2. 在中文版 AutoCAD 2015 中用户可通过＿＿＿＿＿＿和＿＿＿＿＿＿两种方法保存和恢复命名坐标系。

3. 如果用户知道点的绝对坐标，或它们从（0，0）坐标出发的角度及距离，则可从键盘上以几种方式输入坐标，包括＿＿＿＿＿、＿＿＿＿＿、＿＿＿＿＿、＿＿＿＿＿等。

4. 用于查询距离、面积及点坐标的命令分别为＿＿＿＿＿＿、＿＿＿＿＿＿和＿＿＿＿＿命令。

二．思考题

1. 创建坐标系的方法主要有哪些？
2. 如何利用 AutoCAD 坐标来定位点？
3. 什么是绝对坐标、相对坐标，以及直角坐标与极坐标？
4. 什么是对象捕捉？什么是运行捕捉模式与覆盖捕捉模式？
5. 什么是对象追踪？如何利用临时追踪点进行多点追踪？

三．上机操作

1．使用自动追踪和捕捉功能，绘制如图 3-31 所示的图形。

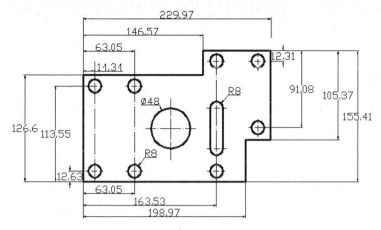

图 3-31　绘制图形

2．使用自动追踪和捕捉功能，绘制如图 3-32 所示的图形。

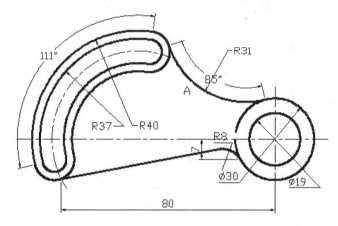

图 3-32　绘制图形

第 4 章 控制图形显示与图案填充

本章学习目标

通过本章的学习，读者应掌握缩放和平移图形的方法，以及命名视图、平铺视口、鸟瞰视图的使用技巧，并能设置填充图案。

学习重点和难点

- 缩放和平移图形
- 使用平铺视口
- 设置填充图案特性

- 定义填充图案区域
- 编辑和分解填充图案

4.1 控制图形显示

在编辑图形时，用户经常需要改变图形的显示方式。例如，为了观察图形的整体效果，需要缩小图形；为了对图形进行细节编辑，需要放大图形等。本节将简要介绍在 AutoCAD 2015 中控制图形显示的一些方法。

4.1.1 缩放和平移图形

中文版 AutoCAD 2015 提供了多种图形缩放和平移的方法。

在中文版 AutoCAD 2015 中用户可通过如下方法实现实时缩放操作。

- 命令：在命令行中输入 ZOOM 或 Z 并按回车键。
- 导航：单击导航栏中"实时缩放"按钮。
- 鼠标：滚动鼠标中键，可自由缩放图形。

使用命令方法时，命令行将如下显示：

```
命令: Z
ZOOM
指定窗口的角点，输入比例因子 (nX 或 nXP)，或者
[全部(A)/中心(C)/动态(D)/范围(E)/上一个(P)/比例(S)/窗口(W)/对象(O)] <实时>: *取消*
```

此时选择相应的缩放模式即可进行对应操作。

使用导航栏中的按钮时，将出现各种缩放模式，如图 4-1 所示。

图 4-1 导航栏中的缩放模式

在命令执行过程中，有多种缩放视图的方式供用户选择使用，下面进行详细讲解。

全部缩放：在当前视口中显示整个模型空间界限范围内的所有图形对象。

中心缩放：以指定点为中心点，整个图形按照指定的比例缩放，而这个点在缩放操作之后，称为"新视图的中心点"。

动态缩放：对图形进行动态缩放。选择该选项后，绘图区将显示几个不同颜色的方框，拖拽鼠标移动当前视区框到所需位置，单击鼠标左键调整大小后回车，即可将当前视区框内的图形最大化显示，如图 4-2 所示。

图 4-2 动态缩放图形

范围缩放：单击该按钮使所有图形对象最大化显示，充满整个视口。视图包含已关闭图层上的对象，但不包含冻结图层上的对象。

缩放上一个：恢复到前一个视图显示的图形状态

比例缩放：按输入的比例进行缩放。有三种输入方法：直接输入数值，表示相对于图形界限进行缩放；在数值后加 X，表示相对于当前视图进行缩放；在数值后加 XP，表示相对于图纸空间单位进行缩放。

窗口缩放：窗口缩放命令可以将矩形窗口内选中的图形充满当前窗口显示。执行完操作后，用光标确定窗口对角点，这两个角点确定了一个矩形框窗口，系统将矩形框窗口内的图形放大至整个屏幕，如图 4-3 所示。

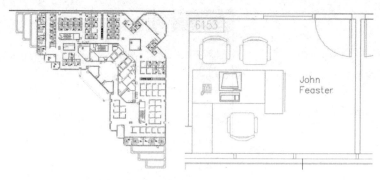

图 4-3　窗口缩放指定区域中的图形

缩放对象：选中的图形对象最大限度地显示在屏幕上。

实时缩放：该项为默认选项。执行缩放命令后直接回车即可使用该选项。在屏幕上会出现一个 形状的光标，按住鼠标向上或向下拖拽，则可实现图形的放大或缩小。

放大：单击该按钮一次，视图中的实体显示比当前视图大 1 倍。

缩小：单击该按钮一次，视图中的实体显示是当前视图 50%。

要从实时缩放模式中退出，切换到实时平移模式或其他缩放模式，可在绘图窗口中单击鼠标右键，在弹出的快捷菜单中选择"退出""平移"或其他选项，如图 4-4 所示。此外，按回车键或【Esc】键，也可退出实时缩放模式。

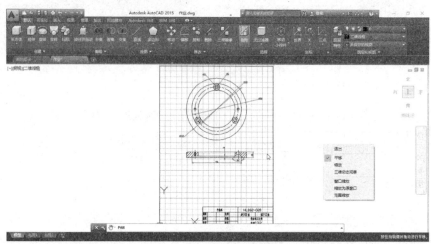

图 4-4　切换到其他模式

在中文版 AutoCAD 2015 中用户可通过如下三种方法实现实时平移操作。

● 命令：输入 PAN 或 P 并按回车键。

● 在界面右侧找到导航栏，并单击 。

● 在绘图窗口中单击鼠标右键，在弹出的快捷菜单中选择"平移"选项。

使用以上任一方法均可进入实时平移模式。

在实时平移模式下，鼠标指针呈 形状显示，如图 4-5 所示。此时按下鼠标左键并且拖动鼠标，即可移动图形显示区域。要结束实时平移，可按回车键或【Esc】键。要退出实时平移模式或切换到其他缩放模式，可以单击鼠标右键，在弹出的快捷菜单中选择适当选项即可。

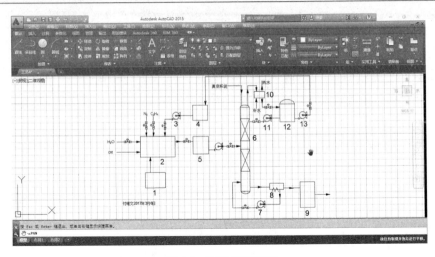

图 4-5　实时平移模式

专家指点

　　该功能只能还原视图的大小和位置，而不能还原编辑环境（如坐标设置、当前图层等）。因此，该操作与前面介绍的"放弃"操作是完全不同的。

4.1.2　使用命名视图

　　使用"命名视图"命令可为图形中的任意视图指定名称，并在以后将其恢复。保存视图时，AutoCAD 将保存该视图的中点、位置、缩放比例和透视设置。

　　要保存视图，可按照如下步骤操作：

　　（1）依次单击功能区"视图>视图面板 >视图管理器"，弹出如图 4-6 所示的"视图管理器"对话框。

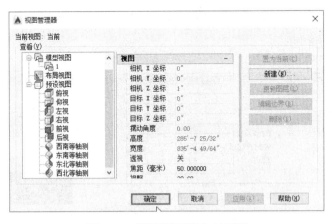

图 4-6　"视图管理器"对话框

　　（2）在其中单击"新建"按钮，弹出如图 4-7 所示的"新建视图/快照特性"对话框。

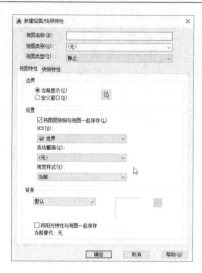

图 4-7　"新建视图/快照特性"对话框

（3）在其中的"视图名称"文本框中为该视图输入名称。如果只想保存当前视图的一部分，可以选中"定义窗口"单选按钮，然后单击"定义视图窗口"按钮。此时，前面弹出的两个对话框将暂时关闭，用户可在绘图窗口中指定视图的对象以定义该视图。

（4）如果想让坐标系随视图一起保存，可选中"将图层快照与视图一起保存"复选框，在"UCS"下拉列表框中选择"世界"或"命名 UCS"选项。

（5）单击两次"确定"按钮，依次关闭"新建视图/快照特性"对话框与"视图管理器"对话框。

要恢复某个视图，可首先打开"视图管理器"对话框，然后选择希望恢复的视图，单击"置为当前"按钮。此外，如果当前有多个视口，应首先选择希望恢复视图的视口，然后再进行恢复视图操作。

当不再需要某个视图时，可以将其删除。可在"视图管理器"对话框中选中要删除的视图，然后在其上单击鼠标右键，在弹出的快捷菜单中选择"删除"选项，如图 4-8 所示。

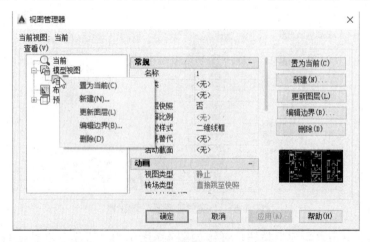

图 4-8　删除视图

4.1.3　使用平铺视口

如果所绘图形比较复杂，或者绘制的是一幅三维图形，为了便于同时观察图形的不同部分或三维图形的不同侧面，可将绘图区域划分为多个视口，如图 4-9 所示。

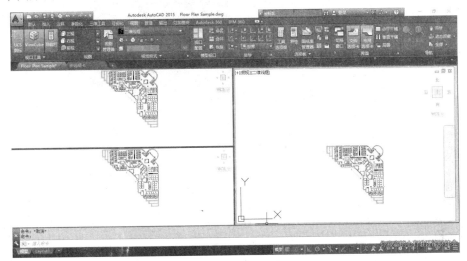

图 4-9　使用多视口观察图形

1．视口的特点

在 AutoCAD 中，视口的特点如下：

● 绘图时，用户在一个视口中所做的修改会立即在其他视口中反映出来。例如，利用不同的视口同时显示整体视图和细节视图，则可以从整体视图上看到在细节视图上所做的改动。

● 在任何时候都可通过单击不同视口在这些视口之间进行切换。

● 在 AutoCAD 中，视口被分为两类：一类是在模型空间创建的平铺视口，一类是在布局图纸空间创建的浮动视口。对于平铺视口而言，各视口间必须相邻，视口只能为标准的矩形，而且用户无法调整视口边界。浮动视口可用来建立图形的最终布局，其形状可为矩形、任意多边形或圆等，相互之间可以重叠，并可同时打印而且可以调整视口边界形状。

● 可分别对各平铺视口进行平移、缩放操作，设置捕捉、栅格和 UCS 图标模式，以及设置坐标系（该功能在绘制三维图形时非常有用）。

● 可以保存和恢复视口配置。

2．创建平铺视口的方法

要将当前视口划分为多个平铺视口，可以单击功能区的"视图"按钮，在"模型视口"选项板中单击"命名"按钮命令。其中，单击"新建视口"命令时，系统将弹出如图 4-10所示的"视口"对话框。在"标准视口"列表中选择合适的选项，然后单击"确定"按钮即可。

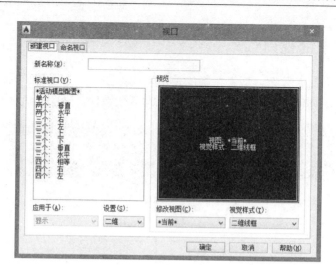

图 4-10 "视口"对话框

在"视口"对话框中，用户还可进行如下设置：

● 在"应用于"下拉列表框中选择"显示"或"当前视口"选项，可确定新设置应用于整个显示还是当前视口。

● 要创建多个三维平铺视口，可在"设置"下拉列表框中选择"三维"选项，在"预览"设置区中选择一个视口，并且利用"修改视图"下拉列表框为该视口选择正交或等轴测视图。

● 要调整标准视口配置，并且希望保存这些配置信息，可在"新名称"文本框中输入名称。

3．改变平铺配置

如果要不改变显示，而对当前视口进行分割或合并，可以单击功能区的"视图"按钮，在"模型视口"选项板中单击"视口配置"按钮命令。

● 一个视口：将当前视口扩大到充满整个绘图窗口。

● 两个视口、三个视口和四个视口：将当前视口分割为两个、三个或四个视口。同时，用户可通过命令行提示选择不同的分割方法。

● 合并：单击该命令后，系统首先要求用户选择主视口（当前视口），然后要求选择相邻视口，并将该视口与主视口合并。

4．保存和使用视口配置

要保存视口配置，可参照前面介绍的创建平铺视口的方法，选择一个标准视口配置并根据需要进行调整，然后在"新名称"文本框中命名该视口配置。

要使用某个已命名的视口配置，可打开"视口"对话框，然后单击"命名视口"选项卡，在其中的"命名视口"列表中选择希望使用的某个视口配置，单击"确定"按钮进行应用，如图 4-11 所示。

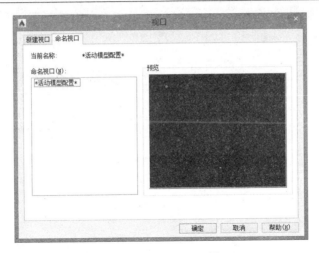

图 4-11　使用视口配置

4.2　控制图案填充

在很多情况下，用户为了标识某一区域的意义或用途，需要将其以某种图案进行填充，如图 4-12 所示。

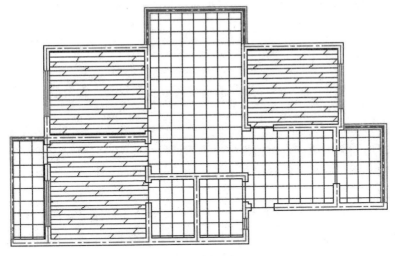

图 4-12　图案填充

在中文版 AutoCAD 2015 中通过调用 BHATCH 命令来创建图案填充，有如下方法：

● 命令：在命令行中输入 BHATCH（BH）或 H 并按回车键。

● 按钮：单击功能区的"默认"按钮，在"绘图"面板中单击"图案填充"按钮。

执行上述命令并在命令行中选择"设置"选项，弹出"图案填充和渐变色"对话框，单击该对话框右下角的 ⊙ 按钮，如图 4-13 所示，展开对话框，如图 4-14 所示，即可创建填充边界。

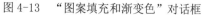

图 4-13　"图案填充和渐变色"对话框　　　图 4-14　"图案填充和渐变色"对话框扩展

在创建填充边界时，相关选项一般都保持默认设置，如果对填充方式有特殊要求，可以对相应选项进行设置，其中各选项含义执行如下：

● "孤岛检测"复选框：指定是否把在内部边界中的对象包括为边界对象。这些内部对象称为孤岛。

● 孤岛显示样式：用于设置孤岛的填充方式。当指定填充边界的拾取点位于多重封闭区域内部时，需要在此选择一种填充方式。

● 普通：将最外层的外边界向内边界填充，第一层填充，第二层不填充，第三层填充，如此交替进行，直到选择边界被填充完毕为止，效果与其上方的图形效果相同。

● 外部：将只填充从最外层边界向内第一层边界之间的区域，效果与其上方的图形效果相同。

● 忽略：忽略内边界，最外层边界的内部将被全部填充，效果与其上方的图形效果相同。

● "对象类型"下拉列表：用于控制新边界对象的类型。如果选择"保留边界"复选框，则在创建填充边界时系统会将边界创建为面域或多段线，同时保留源对象。可以在其下拉列表中选择将边界创建为多段线还是面域。如果取消选择该复选框，则系统在填充指定的区域后将删除这些边界。

● "边界集"选项组：指定使用当前视口中的对象还是使用现有选择集中的对象作为边界集。单击"选择新边界集"按钮，可以返回绘图区选择作为边界集的对象。

● "允许的间隙"选项组：将封闭区域的一组对象视为一个闭合的图案填充边界。默认值为 0，指定对象封闭以后该区域无间隙。

4.2.1　设置填充图案特性

填充图案和绘制其他对象一样，尽管用户可以选择不同的填充图案，但这些图案所使用的颜色和线型将使用当前图层的颜色和线型。当然，用户也可另外指定填充图案所使用的颜色和线型。

4.2.2　定义填充图案的区域

用户可通过单击"图案填充和渐变色"对话框的"图案填充"选项卡中的"添加：选择对象"按钮，来选择想要填充图案的一个或多个对象，如图 4-15 所示。或者单击"添加：拾取点"按钮，在要填充图案的区域拾取一个点，由系统自动分析图案填充边界，如图 4-16所示。

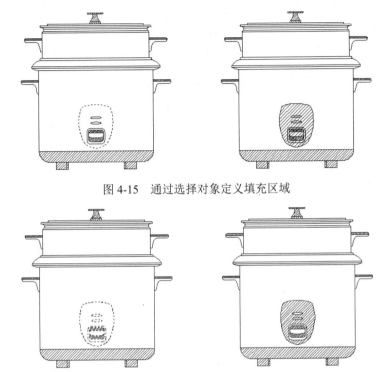

图 4-15　通过选择对象定义填充区域

图 4-16　通过拾取点定义填充区域

当用户通过单击"添加：拾取点"按钮指定图案填充区域时，系统将自动进行"孤岛"检测，参见图 4-17。如果希望排除某个"孤岛"，可以单击"边界"选项区中的"删除边界"按钮，然后选择想要删除的"孤岛"，如图 4-17 所示。

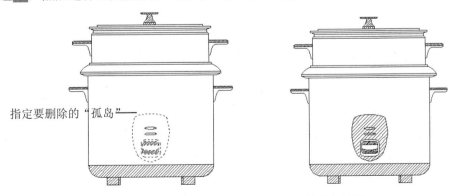

指定要删除的"孤岛"

图 4-17　删除指定"孤岛"后的填充效果

用户还可以在"默认"选项卡中，单击"绘图"面板中的"图案填充"按钮，系统弹出"图形填充创建"选项卡，如图 4-18 所示，其中各按钮功能与"图案填充和渐变色"对话框中按钮无异。

图 4-18　"图形填充创建"选项卡

4.2.3　掌握图案的选择与设置

在"图案填充和渐变色"对话框中，用户可以选择如下三种类型的图案：

● 预定义：选用在文件 ACAD.PAT 中定义的图案。
● 用户定义：使用当前线型定义的图案。
● 自定义：选用在其他 PAT 文件（不是 ACAD.PAT）中定义的图案。

1．预定义图案选择和设置

要使用预定义图案，可以单击"图案填充和渐变色"对话框中"图案"下拉列表框右侧的　按钮或者单击"样例"预览框，弹出"填充图案选项板"对话框，然后进行选择，如图 4-19 所示。

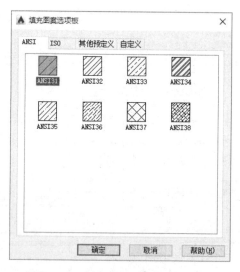

图 4-19　"填充图案选项板"对话框

对于预定义图案，用户可利用"图案填充和渐变色"对话框或"图形填充创建"选项卡来为图案设置"比例"和"角度"。其中，"比例"选项用于放大或缩小图案，"角度"选项用于旋转图案，如图 4-20 所示。

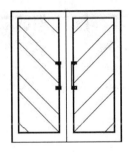

图 4-20　改变填充图案的比例和角度

如果图案尺寸太大或定义的填充区域太小，可能导致无法进行图案填充，此时应通过"图案填充和渐变色"对话框来改变图案的比例。

2．使用用户定义的图案

若所有预定义图案都无法满足要求，还可使用当前设置的线型创建用户定义图案。要创建一个自定义图案，可在"图案填充和渐变色"对话框或"图形填充创建"选项卡的"类型"下拉列表框中选择"用户定义"选项，然后利用其他的选项区为其设置角度、间距并确定是否选用双向图案。其中"角度"选项是指直线相对于当前 UCS 中 X 轴的夹角，"间距"文本框为用户定义图案设定线间距，"双向"复选框用于确定是否为用户定义图案选用垂直于第一组平行线的第二组平行线，如图 4-21 所示。

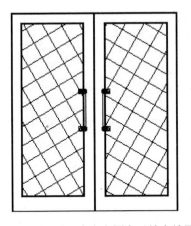

图 4-21　设置用户定义图案及填充效果

4.2.4　了解填充图案的关联性

当用户填充完图案后，有可能需要修改图案或修改图案区域的边界。在 AutoCAD 中处理这种情况比较便捷，因为默认情况下图案与其边界是关联的。当用户调整用作图案边界的对象时，填充图案会随之调整，如图 4-22 所示。

图 4-22 填充图案的关联性

如果用户希望创建的图案不受边界变化的影响，可创建非关联图案。为此，可在"图案填充和渐变色"对话框的"选项"选项区中取消选择"关联"复选框。

4.2.5 分解图案填充

实际上，图案填充是一种特殊的块。无论其形状多么复杂，它都是一个单独对象。在中文版 AutoCAD 2015 中，用户可通过如下三种方法分解图案填充：

● 命令：在命令行中输入 EXPLODE 并按回车键。

● 按钮：单击"默认"选项卡，在"修改"选项板中单击"分解"按钮 。

分解后的图案填充不再是单一对象，而是一组组成图案的线条。所以分解后的图案也就谈不上所谓的关联性了，因而也无法使用 HATCHEDIT 命令来编辑它。

习题与上机操作

一．填空题

1．视口被分为两类：一类是在模型空间创建的_____，一类是在布局图纸空间创建的_____。

2．用户可以通过单击"图案填充和渐变色"对话框的"图案填充"选项卡中的_____按钮，来选择想要填充图案的一个或多个对象，或者单击_____按钮，在要填充图案的区域拾取一个点，由系统自动分析图案填充边界。

3．在"图案填充和渐变色"对话框中，用户可以选择_____、_____和_____三种类型的图案。

二．思考题

1．缩放和平移图形的方法有哪几种？

2．如何创建和使用命名视口？

3．鸟瞰视图有何特点，如何使用它缩放图形？

4．调用"图案填充"命令的方法有哪几种？

5．如何编辑一个已定义的填充图案？

三．上机操作

1．绘制如图 4-23 所示的太极图案，并对其进行填充。

图 4-23　绘制太极图案

2. 绘制如图 4-24 所示的三人沙发。

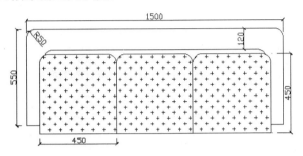

图 4-24　绘制三人沙发

第 5 章 编辑图形对象

本章学习目标

通过本章的学习，读者应掌握图形对象的选择方法，以及放弃和重做、删除和恢复命令的使用，掌握复制图形对象、改变图形位置、修改图形对象、编辑二维多段线、编辑样条曲线以及利用夹点编辑对象等操作。

学习重点和难点

- 选择图形对象的方法
- 放弃和重做、删除和恢复
- 复制图形对象的方法
- 改变图形位置的方法
- 修改图形对象的方法
- 编辑二维多段线、样条曲线
- 利用夹点编辑对象

5.1 掌握基本编辑操作

为了便于读者学习后面的内容，本节着重讲解一些图形编辑的基本操作，主要包括对象选择、放弃和重做、删除和恢复等操作。

5.1.1 选择图形对象

在 AutoCAD 中，选择对象的方法很多，可以通过单击对象逐个拾取，也可以利用矩形窗口或交叉窗口选择；可以选择最近创建的对象、前面的选择集或选择图形中的所有对象，也可以向选择集中添加新对象或从中删除对象。所有被选中的对象将组成一个选择集。选择集可以包含单个对象，也可以包含复杂的编组。

1. 选择对象模式

选择对象时，若在"选择对象："命令提示下输入"？"AutoCAD 将提示：

> 需要点或窗口(W)/上一个(L)/窗交(C)/框(BOX)/全部(ALL)/栏选(F)/圈围(WP)/圈交(CP)/编组(G)/类(CL)/添加(A)/删除(R)/多个(M)/上一个(P)/放弃(U)/自动(AU)/单个(SI)
> 选择对象：

在该提示下输入所需选项的大写字母可以指定选择对象的模式。例如要使用窗口选择模式，可在"选择对象："提示下输入 W。在这些选择模式中，一些主要选项的含义如下：

● 需要点或窗口：该选项为默认选项，表示用户可通过逐个单击或使用窗口选取对象。其中，使用选取窗口选择对象时，只有完全包含在选取窗口内的对象才会被选中。

● 上一个：选取可见元素中最后创建的对象。

● 窗交：选择该选项后，在使用选取窗口选择对象时，那些与窗口相交或完全位于选取窗口内的对象均被选中。因此，此时的选取窗口又称为交叉选取窗口。

● 框：选择该选项后，制作选取窗口时，如果从左到右设置选取窗口的两角点，该选取窗口性质为普通选取窗口；如果从右到左设置选取窗口的两角点，该选取窗口的性质为交叉选取窗口。

● 全部：选取图形中没有位于锁定、关闭或冻结层上的所有对象。

● 栏选：绘制一条开放的多点栅栏（多段直线），所有与栅栏线相接触的对象均会被选中。

● 圈围：绘制一个不规则的封闭多边形，并用它作为选取框来选择对象，此时只有完全包含在多边形中的对象才会被选中。

● 圈交：类似圈围，但这时的多边形为交叉选取框。

● 编组：使用组名选择已定义的对象组。

● 删除：可以从选择集中（而不是图中）移出已选取的对象，此时只需单击要移出的对象即可。

● 上一个：将最近的选择集设置为当前选择集。

● 放弃：取消最近的对象选择操作。

2．快速选择对象

在 AutoCAD 2015 中，当用户需要选择具有某些共性的对象时，可利用"快速选择"对话框根据对象的图层、线型、颜色和图案填充等特性创建选择集。依次在功能区单击"默认"选项卡 > "实用工具"面板 > "快速选择"，即可弹出"快速选择"对话框，如图 5-1 所示。

在"如何应用"选项区中选择应用的范围。若选中"包括在新选择集中"单选按钮，表示按设定条件创建新的选择集；若选择"排除在新选择集之外"单选按钮，表示按设定条件选中的对象被排除在选择集之外，即根据这些对象之外的其他对象创建选择集。

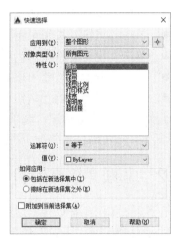

图 5-1　"快速选择"对话框

3．密集或重叠对象的选择

当对象非常密集或重叠时，要选择所需的对象通常是很困难的。此时可按下【Ctrl】键，然后选择一个尽可能接近要选择对象的点，并反复单击循环切换选择。当通过夹点判断出所选对象是自己所要的对象后，按回车键结束对象选择。

4．对象编组

编组是已命名的对象选择集，它随图形一起保存。在 AutoCAD 中，一个对象可以作为多个编组的成员，可以使用"对象编组"对话框来创建编组，其方法是：在命令行中输入

GROUP 并按回车键，在弹出的"对象编组"对话框中进行设置，如图 5-2 所示。

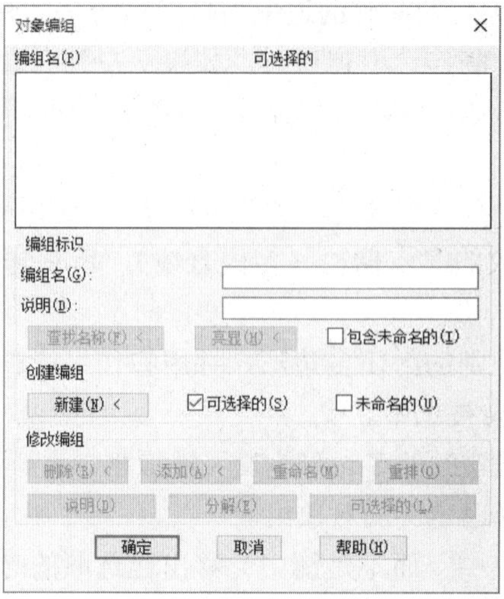

图 5-2　"对象编组"对话框

除了创建对象编组外，利用"对象编组"对话框还可以编辑编组。这时可在"编组名"列表框中选中要修改的编组，然后在"修改编组"选项区中进行设置，其中各选项的含义如下：

- 单击"添加"和"删除"按钮，可向编组中增加组成员或从编组中删除组成员。
- 单击"重命名"按钮可重命名编组。
- 单击"重排"按钮可重新排列编组成员。
- 单击"说明"按钮可为编组添加说明。
- 单击"分解"按钮可取消该编组。
- 单击"可选择的"按钮可调整编组的可选择特性。

此外，在"编组标识"选项区中单击"查找名称"按钮，然后在绘图窗口中单击对象可查看该对象所属编组，单击"亮显"按钮可在绘图窗口中查看该编组的成员。

5.1.2　掌握"放弃"和"重做"命令

在绘图过程中，难免会出现误操作以及一些绘制错误。当出现此问题时，可使用 AutoCAD 提供的"放弃"或"重做"命令来更正错误，返回到最近的操作或重新进行绘制。

1．放弃

"放弃"命令不仅可以取消绘图操作，而且还可以取消模式设置、图层的创建以及其他操作。使用该命令时，可以一次取消一步或多步操作，以返回到上一步或前几步的操作中。

用户可通过如下方式调用"放弃"命令：

- 命令：在命令行中输入 UNDO 或 U 并按回车键。
- 工具栏：单击"快速访问工具栏"上的"放弃"按钮 。
- 快捷方式：按【Ctrl＋Z】组合键，或在绘图窗口单击鼠标右键，在弹出的快捷菜单中选择"放弃"选项。

中文版 AutoCAD 2015 的"放弃"命令的强大功能如下：

● "放弃"可以无限制地逐级取消多个操作步骤，直到返回到当前图形的开始状态。

● "放弃"不受存储图形的影响，用户可以保存图形，而"放弃"命令仍然有效。

● "放弃"适用于几乎所有的操作，它不仅可以取消用户绘图操作，而且还能取消模式设置、图层的创建以及其他操作。

● "放弃"提供了几个用于管理命令组或同时删除几个命令的不同选项。

中文版 AutoCAD 2015 的"放弃"命令所具有的功能并不适用于所有的命令，也不能恢复所有的系统设置。例如以下功能就不受"放弃"命令的影响：

● 用"选项"对话框所配置的中文版 AutoCAD 2015 的设置。

● 用"新建"或"打开"命令所创建或捕捉的图形。

● 用"保存"和"另存为"命令所存盘的图形。

● 用"打印"命令所输出的图形（"放弃"命令不可能让打印机收回打印纸，并擦去上面的图形）。

专家指点

> 如果用户想用"放弃"命令修改一个复杂的或很早以前的错误，不妨在执行"放弃"命令之前，把当前图形存入另外一个文件名下，对要修改的图形进行备份，以免因误操作而造成不必要的损失。

2．重做

在执行"放弃"命令时，如果出现了操作失误，可使用"重做"命令来恢复由"放弃"命令取消的操作。

用户可通过如下方式调用"重做"命令：

● 命令：在命令行中输入 REDO 后按回车键。

● 工具栏：单击"快速访问工具栏"的"重做"按钮。

● 快捷方式：按【Ctrl＋Y】组合键，或在绘图窗口中单击鼠标右键，在弹出的快捷菜单中选择"重做"选项。

专家指点

> 当在命令行中输入 REDO 命令时，不可使用 R 代替。该命令必须紧跟在"放弃"命令之后使用，不可重做其他命令操作。

5.1.3 掌握"删除"和"恢复"命令

在编辑修改图形时，可能会发现一些错误或没用的图形对象。此时，可使用 AutoCAD 提供的"删除"命令或其他方法将其删除。当意外删除了某些实体对象时，可使用"恢复"命令将其恢复。

1．删除

调用"删除"命令有如下方法：

- 命令：在命令行中输入 ERASE 或 E 并按回车键。
- 按钮：在功能区单击"默认"选项卡，再单击"修改"选项板上的"删除"按钮 ✎。

使用以上任意一种方法调用该命令后，AutoCAD 提示：

命令:ERASE↙
选择对象：（选择需要删除的对象）

在该提示下使用合适的选择方法选择要删除的对象，最后按回车键，即可删除该对象。

专家指点

> 　　用户如果想要继续删除实体，可在"选择对象："的提示下继续选择要删除的对象。在选择实体时，用户既可用拾取框选取实体，也可用"界限窗口"和"相交窗口"选择实体。

2．恢复

在删除对象的过程中，如果意外删除了一些有用的图形对象，可使用"恢复"或"放弃"命令恢复删除的图形对象。"恢复"命令只能恢复最近一次删除的对象，而使用"放弃"命令可以连续恢复前几次删除的对象。

在命令行中输入 OOPS 并按回车键，即可恢复最近一次删除的对象。

5.2　精确复制图形对象

在设计或绘制图纸时，常常需要绘制一些相同或相似的对象。如果一个一个地绘制，既麻烦还不一定符合要求。为解决这一问题，AutoCAD 提供了多个可产生完全相同或相似对象的命令，如"复制""阵列""镜像"和"偏移"。

5.2.1　复制图形对象

在绘图时，当需要绘制一个或多个与原对象完全相同的对象时，不必一个一个地绘制，只要使用 AutoCAD 提供的"复制"命令，即可在指定位置创建一个或多个原始对象的副本对象。

1．调用命令的方法

调用"复制"命令有如下方法：

- 命令：在命令行中输入 COPY（CO）或 CP 并按回车键。
- 按钮：在功能区单击"默认"选项卡，单击"修改"选项板上的"复制"按钮 ❀。

2．命令提示

命令: COPY↙
选择对象：（选择要复制的对象）
指定基点或 [位移(D)/模式(O)] <位移>：（指定复制对象的基点或位移）

如果对所选对象只创建一个副本对象，即可使用定点设备在绘图窗口中指定基点位置，或者直接输入坐标值，然后按回车键，AutoCAD 提示：

指定第二个点或 [退出(E)/放弃(U)] <退出>：（指定位移的第二点）

在该提示下直接按回车键，AutoCAD 将以第一点的各坐标分量作为复制的位移量复制对象。如果指定第二位移点并按回车键，AutoCAD 就会在指定位置创建所选对象的副本对象，如图 5-3 所示。

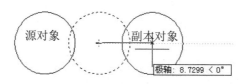

图 5-3　创建副本对象

专家指点

> 在使用"复制"命令的过程中，按【Esc】键可退出复制对象的操作。执行该操作后，复制的对象并不会消失。

5.2.2　阵列复制对象

利用"阵列"命令可以创建按指定方式排列的多个对象副本，其排列方式有矩形阵列、环形阵列和路径阵列。使用矩形阵列创建由选定对象副本的行数和列数所定义的阵列，使用环形阵列通过围绕圆心复制选定对象来创建阵列，使用路径阵列是沿整个路径或部分路径平均分布对象来创建阵列。

1．矩形阵列

调用"矩形阵列"命令有如下方法：
- 命令：在命令行中输入 ARRAY 或 AR 并按回车键。
- 按钮：在功能区单击"默认"选项卡，再单击"修改"选项板上的"阵列"下拉菜单中的"矩形阵列"按钮。

命令提示

```
命令: _arrayrect 找到 1 个
类型 = 矩形　关联 = 是
选择夹点以编辑阵列或 [关联(AS)/基点(B)/计数(COU)/间距(S)/列数(COL)/行数(R)/层数(L)/退出(X)] <
退出>: AS
创建关联阵列 [是(Y)/否(N)] <是>: Y
选择夹点以编辑阵列或 [关联(AS)/基点(B)/计数(COU)/间距(S)/列数(COL)/行数(R)/层数(L)/退出(X)] <
退出>: X
```

其中命令行中部分选项含义如下
- 关联：指定阵列中的对象是关联的还是独立的。

● 基点：定义阵列基点和基点夹点的位置。其中"基点"指定用于在阵列中放置项目的基点；"关键点"是对于关联阵列，在源对象上指定有效的约束（或关键点）以与路径对齐。

● 计数：指定行数和列数并使用用户在移动光标时可以动态观察结果。其中"表达式"是基于数学公式或方程式导出值。

● 间距：指定行间距和列间距并使用用户在移动光标时可以动态观察结果。"行间距"是指定从每个对象的相同位置测量的每行之间的距离。"列间距"是指定从每个对象的相同位置测量的每列之间的距离。"单位单元"是通过设置等同于间距的矩形区域的每个角点来同时指定行间距和列间距。

● 列数：编辑列数和列间距。"列数"用于设置栏数。"列间距"用于指定从每个对象的相同位置测量每列之间的距离。总计"用于指定从开始和结束对象上的相同位置测量的起点和终点列之间的总距离。

● 行数：指定阵列中的行数，它们之间的距离以及行之间的增量标高。"行数"用于设定行数。"行间距"指定从每个对象的相同位置测量每行之间的距离。"总计"指定从开始和结束对象上的相同位置测量的起点和终点行之间的总距离。"增量标高"用于设置每个后续行的增大或减小的标高。"表达式"是基于数学公式或方程式导出值。

● 层：指定三维阵列的层数和层间距。"层数"用于指定阵列中的层数。"层间距"用在 Z 坐标值中指定每个对象等效位置之间的差值。"总计"在 Z 坐标值中指定第一个和最后一个层中对象等效位置之间的总差值。"表达式"基于数学公式或方程式导出值。

当完成中的各选项都正确设置以后，即可完成矩形阵列的创建。图 5-4 所示为利用矩形阵列在一个矩形框内布置螺钉的实例。

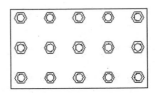

图 5-4　矩形阵列对象

单击阵列后的图形对象，即可打开"阵列"选项卡，进行矩形阵列参数设置，如图 5-5所示。

图 5-5　矩形阵列对话框

2．环形阵列

调用"环形阵列"命令有如下方法：

● 命令：在命令行中输入 ARRAY 或 AR 并按回车键。

● 按钮：在功能区单击"默认"选项卡，再单击"修改"选项板上的"阵列"下拉菜单中的"环形阵列"按钮。

命令提示

命令: _arraypolar 找到 1 个

类型 = 极轴　关联 = 是

指定阵列的中心点或 [基点(B)/旋转轴(A)]:

选择夹点以编辑阵列或 [关联(AS)/基点(B)/项目(I)/项目间角度(A)/填充角度(F)/行(ROW)/层(L)/旋转项目(ROT)/退出(X)] <退出>: X

其中命令行中部分选项含义如下：

● 中心点：指点分布阵列项目所围绕的点。旋转轴是当前 UCS 的 Z 轴。

● 旋转轴：指定由二个指定点定义的自定义旋转轴。

● 项目：使用值或表达价式指定阵列中的项目值。

● 项目间角度：使用值或表达式指定项目之间的角度。

● 填充的角度：使用值或表达式指定阵列中第一个和最后一个项目之间的角度。

● 旋转项目：控制在排列项目时是否旋转项目。

当完成中的各选项都正确设置以后，即可完成环形阵列的创建。例如，将如图 5-6（a）所示的图形，使用环形阵列复制对象的方式沿环形排列，将得到如图 5-6（b）所示的花形图案。

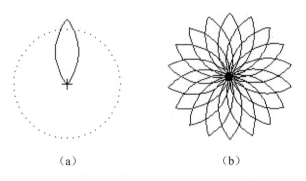

(a)　　　　　　　　　　(b)

图 5-6　环形阵列对象

单击阵列后的图形对象，即可打开"阵列"选项卡，进行阵列参数设置，如图 5-7 所示。

图 5-7　环形阵列对话框

3．路径阵列

调用"路径阵列"命令有如下方法：

● 命令：在命令行中输入 ARRAY 或 AR 并按回车键。

● 按钮：在功能区单击"默认"选项卡，再单击"修改"选项板上的"阵列"下拉菜单中的"路径阵列"按钮。

命令提示

命令: _arraypath 找到 1 个

类型 = 路径　关联 = 是

选择路径曲线:

选择夹点以编辑阵列或 [关联(AS)/方法(M)/基点(B)/切向(T)/项目(I)/行(R)/层(L)/对齐项目(A)/z 方向(Z)/退出(X)] <退出>: AS

创建关联阵列 [是(Y)/否(N)] <是>: Y

选择夹点以编辑阵列或 [关联(AS)/方法(M)/基点(B)/切向(T)/项目(I)/行(R)/层(L)/对齐项目(A)/z 方向(Z)/退出(X)] <退出>: X

其中命令行中部分选项含义如下：

● 路径曲线：指定用于阵列路径的对象。选择直线，多段线，三堆多段线，样条曲线，螺旋，圆弧，圆或椭圆。

● 方法：控制如何沿路径发布项目。"定数等分"是将指定数量的项目沿路径的长度均匀分布。"定距等分"是以制定的间隔沿路径分布项目。

● 切向：根据阵列中的项目如何相当于路径的起始方向对齐。

● 项目：根据"方法"设置，制定项目数或项目之间的距离。"沿路径的项目数"用于（当"方法"为"定数等分"是可用）使用值或表达式指定阵列中的项目的距离。默认情况下，使用最大项目数填充阵列，这些项目使用输入的距离填充路径。也可以启用"填充整个路径"，以便再路径长度更改是调整项目数。

● 对齐项目：指定是否对齐每个项目以与路径的方向相切。对齐相当于第一个项目的方向。

● Z 方向：控制是否保持项目的原始 Z 方向或沿三位路径自然倾斜项目。

当完成中的各选项都正确设置以后，即可完成路径阵列的创建。例如，将如图 5-8（a）所示的图形，使用路径阵列复制对象的方式沿路径排列，将得到如图 5-8（b）所示的图案。

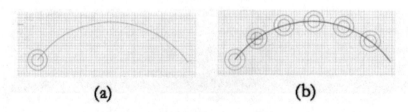

(a)　　　　(b)

图 5-8　路径阵列对象

5.2.3　镜像复制对象

镜像可以创建对象的轴对称映象。这使得创建对称的对象变得非常方便，因为用户可以只绘制半个对象，然后创建其镜像，而不必再绘制整个对象。"镜像"命令可以用来完成对称图形的绘制。

调用"镜像"命令有如下方法：

- 命令：在命令行中输入 MIRROR 或 MI 并按回车键。
- 按钮：在功能区单击"默认"选项卡，再单击"修改"选项板上的"镜像"按钮▲。

使用以上任一方法调用该命令后，AutoCAD 提示：

命令:MIRROR↙
选择对象:（选择欲镜像的对象）
选择对象: ↙（也可以继续选择）
指定镜像线的第一点:（指定镜像线上的一点）
指定镜像线的第二点:（指定镜像线上的另一点）
要删除源对象吗? [是(Y)/否(N)]<N>:（确定是否删除原对象）

若直接按回车键，则表示在绘出所选对象的镜像图形的同时保留原来的对象，图 5-9（b）所示是将餐桌边的三把椅子镜像到餐桌对面；若输入 Y 并按回车键，则在绘出所选对象的镜像图形的同时把原对象删除，图 5-9（c）所示是将餐桌边的三把椅子镜像到餐桌对面并把原图删除。

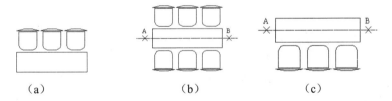

（a）　　　　　　　　　（b）　　　　　　　　　（c）

图 5-9　镜像复制对象

一般情况下，镜像的对象都为图像，但有的时候要以文本、属性或属性定义作为镜像的对象，这时会有两种结果：一种是完全镜像，即把文本当作图像进行处理；另一种是文本仍然可读的镜像。这两种状态由系统变量 MIRRTEXT 控制。若系统变量 MIRRTEXT 的值为 1，则文本被完全镜像，如图 5-10（a）所示。若系统变量 MIRRTEXT 的值为 0，则文本被以可读方式镜像，如图 5-10（b）所示。

（a）MIRRTEXT=1 时的文本镜像　　　（b）　MIRRTEXT=0 时的文本镜像

图 5-10　MIRRTEXT 变量对文本镜像结果的影响

当要镜像的文本或属性存在于块内时，无论 MIRRTEXT 的值如何设置，这些文本或属性都会被倒置。

5.2.4　偏移复制对象

利用"偏移"命令可以建立一个与原对象相似的另一个对象，并将其放置在离原对象一定距离的位置。用户可以利用"偏移"命令复制直线、圆弧、圆、椭圆或椭圆弧、二维多段线、构造线、射线和样条曲线。偏移对象是一种高效的绘图方法，执行"偏移"命令后可修剪或延伸原对象的端点，以使其更符合绘图要求。

1．调用命令的方法

调用"偏移"命令有如下方法：
- 命令：在命令行中输入 OFFSET 或 O 并按回车键。
- 按钮：在功能区单击"默认"选项卡，再单击"修改"选项板上的"偏移"按钮 。

2．命令提示

命令: OFFSET✓
当前设置: 删除源=否　图层=源　OFFSETGAPTYPE=0
指定偏移距离或 [通过(T)/删除(E)/图层(L)] <通过>:（指定偏移距离或通过的点）

3．选项说明

命令提示中各选项含义如下：
（1）指定偏移距离
在该提示下，若直接输入数值，表示以该数值为偏移距离进行偏移。此时也可以在绘图窗口中指定两点，以两点间的距离作为偏移距离。此时，AutoCAD 提示：

选择要偏移的对象，或 [退出(E)/放弃(U)] <退出>:（选择要偏移的对象）
指定要偏移的那一侧上的点，或 [退出(E)/多个(M)/放弃(U)] <退出>:（指定偏移的方向）
选择要偏移的对象，或 [退出(E)/放弃(U)] <退出>:（继续选择对象进行复制或直接按回车键结束复制）

图 5-11 所示分别为对矩形、圆和直线执行偏移命令的结果。其中，矩形 A、圆 A 和直线 A 为原图，矩形 B、圆 B 和直线 B 为偏移生成的图像。

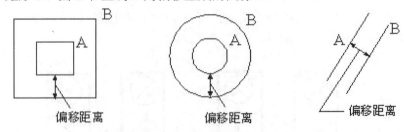

图 5-11　指定偏移距离进行偏移得到的结果

对不同图形执行偏移命令，得到的结果也不同：
- 对直线、双向构造线、射线执行偏移命令时，复制生成它们的平行线。
- 对圆弧执行偏移命令时，新旧圆弧的中心角相同，只是新圆弧的长度要发生变化。

● 对圆或椭圆执行偏移命令时，圆心或椭圆中心点不变，圆的半径或椭圆的长、短轴会发生变化。

● 对样条曲线执行偏移命令时，其长度和起始点要作调整，使新样条曲线的各个端点在旧样条曲线相应端点的法线处。

● 多段线给定距离偏移时，其距离按中心线计算。

（2）通过

若在上述提示下输入 T 并按回车键，则表示偏移产生的对象要通过某一指定的点，此时 AutoCAD 提示：

> 选择要偏移的对象，或 [退出(E)/放弃(U)] <退出>:（选择要偏移的对象）
> 指定通过点或 [退出(E)/多个(M)/放弃(U)] <退出>:（指定对象要通过的点）
> 选择要偏移的对象，或 [退出(E)/放弃(U)] <退出>:（继续选择对象进行复制或直接按回车键结束复制）

图 5-12 所示为执行偏移命令的 T 选项，使偏移产生的圆经过直线上的一点 B。

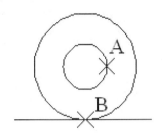

图 5-12　指定偏移对象通过某一点

5.3　改变图形位置

在对图形进行编辑修改的过程中，常需要改变图形的位置和大小。对于手工绘图来说，改变对象位置和大小意味着重新绘制对象，既麻烦还不一定准确。但使用其提供的"移动""旋转""缩放"和"拉伸"命令，可以精确而方便地改变对象的位置和大小。

5.3.1　移动图形对象

移动对象是图形编辑操作中使用频率较高的操作。通过移动对象可以调整图形中各个对象间的相对或绝对位置。使用 AutoCAD 提供的"移动"命令可以按指定的位置或距离精确地移动对象。

1．调用命令的方法

调用"移动"命令有如下方法：

● 命令：在命令行中输入 MOVE 或 M 并按回车键。

● 按钮：在功能区单击"默认"选项卡，再单击"修改"选项板上的"移动"按钮➕。

● 在绘图窗口单击左键选中所需移动对象，然后单击右键调出快捷菜单，选择"移动"命令。

2. 命令提示

命令:MOVE✓
选择对象:（选择图形对象）
选择对象: ✓（按回车键，结束选择）
指定基点或 [位移(D)] <位移>:（指定基点，用鼠标捕捉某个点或输入某个点的坐标，或指定一个数值作为位移的第一点）
指定第二个点或 <使用第一个点作为位移>:（用鼠标指定移到新位置的点或用第一点的数值作为位移，并移动图形）

专家指点

> 移动对象仅仅是位置平移，而不改变对象的方向和大小。要非常精确地移动对象一般需要使用坐标、夹点和对象捕捉模式。

5.3.2 旋转图形对象

在编辑调整图形对象时，为了使某些图形与原图形保持一致，常需要旋转对象来改变其放置方式及位置。使用 AutoCAD 提供的"旋转"命令可以使对象按指定角度进行旋转。

1. 调用命令的方法

调用"旋转"命令有如下方法
- 命令：在命令行中输入 ROTATE 或 RO 并按回车键。
- 按钮：在功能区单击"默认"选项卡，再单击"修改"选项板上的"旋转"按钮○。
- 快捷菜单：在绘图窗口单击左键选中所需移动对象，然后单击右键调出快捷菜单，选择"移动"命令。

2. 命令提示

命令: ROTATE✓
UCS 当前的正角方向: ANGDIR=逆时针 ANGBASE=0（报告当前 UCS 的正角方向）
选择对象:（选择图形对象）
选择对象: ✓（按回车键，结束选择）
指定基点:（指定旋转的基点）
指定旋转角度，或 [复制(C)/参照(R)] <0>:（指定旋转角度或选择"参照"选项）

3. 选项说明

命令提示中各选项含义如下：
- 指定旋转角度

该选项为默认项。若直接输入角度值，AutoCAD 会将所选图形对象绕指定的旋转基点，按指定的角度值进行旋转。图 5-13 所示为将左图中所选的图形对象按指定的角度进行旋转。

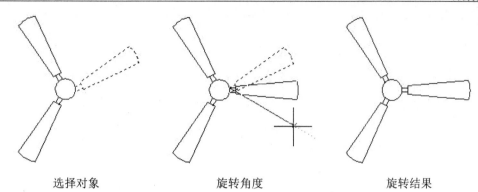

选择对象　　　　　　旋转角度　　　　　　旋转结果

图 5-13　按一定角度进行旋转的实体

在输入角度时，如果角度值为正或缺省，则图形对象按逆时针方向旋转；如果角度值为负，则图形对象按顺时针方向旋转。

● 参照

用于将对象与用户坐标系的 X 轴和 Y 轴对齐，或者与图形中的几何特征对齐，来进行旋转。利用"参照"选项可避免用户进行繁琐的计算。

选择该选项时，需要在对象上指定一个角度或两个点以确定一条参照线，然后指定对象绕参照线旋转的角度。

选择该选项后，AutoCAD 提示：

> 指定参照角<0>:（指定参照角，通过输入值或指定两点来指定参考方向的角度值）
> 指定新角度或 [点(P)] <0>:（指定新绝对角度，输入相对于参考方向的角度值）

5.3.3　缩放图形对象

在工程制图中，常需要改变一些图形对象的大小，但不改变其结构和形状。此时，使用 AutoCAD 提供的"缩放"命令可以将对象按指定的比例进行缩放。

1. 调用命令的方法

调用"缩放"命令有如下方法：

● 命令：在命令行中输入 SCALE 并按回车键。

● 按钮：在功能区单击"默认"选项卡，再单击"修改"选项板上的"缩放"按钮 。

● 在绘图窗口单击左键选中所需移动对象，然后单击右键调出快捷菜单，选择"移动"命令。

2. 命令提示

> 命令: SCALE✓
> 选择对象:（选择要缩放的对象）
> 选择对象: ✓（按回车键，结束选择）
> 指定基点:（指定缩放的基点）
> 指定比例因子或 [复制(C)/参照(R)] <1.0000>:

3．选项说明

命令提示中各选项含义如下：

● 指定比例因子

该选项为默认项，若用户直接输入比例因子，即执行该选项。AutoCAD 将把所选图形对象按该比例因子相对于基点进行缩放。若比例因子范围在 0～1 之间，则物体缩小；若比例因子大于 1，则物体放大。

图 5-14 所示是贝司分别按照比例因子为 2 以及比例因子为 0.5 进行缩放。

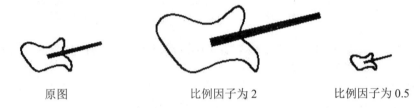

原图　　　　　　　　　比例因子为 2　　　　　　比例因子为 0.5

图 5-14　以不同的比例因子缩放实体

● 参照

按参照长度和指定的新长度比例缩放所选对象。如果新长度大于参照长度，对象将放大；反之对象将缩小。

选择该选项后，AutoCAD 提示：

指定参照长度<1.0000>:（指定参照长度，通过输入或指定两点确定参照长度的值）
指定新的长度或 [点(P)] <1.0000>:（输入新的长度值）

执行完以上操作后，AutoCAD 会根据参照长度的值自动计算比例因子，然后对图形进行相应的缩放。

5.3.4　拉伸图形对象

利用"拉伸"命令可以在一个方向上按用户所确定的尺寸拉伸图形，可拉伸的对象包括与选取窗口相交的圆弧、椭圆弧、直线、多段线线段、二维实体、射线、宽线和样条曲线。

1．调用命令的方法

调用"拉伸"命令有如下方法：

● 命令：在命令行中输入 STRETCH 或 S 并按回车键。
● 按钮：在功能区单击"默认"选项卡，再单击"修改"选项板上的"拉伸"按钮 ▧。

2．命令提示

命令: STRETCH↙
以交叉窗口或交叉多边形选择要拉伸的对象...(以虚框"窗交"和虚多边形"圈交"的方式选择要拉伸的部分)
　选择对象:（拾取要选择的对象的右下角）
　指定基点或 [位移(D)] <位移>:（指定基点或输入基点坐标）

指定基点 1，此时 AutoCAD 提示：

指定第二个点或 <使用第一个点作为位移>：

此时，若指定另外一点（点 2），AutoCAD 会将所选的对象沿当前给定两点确定的方向及距离进行拉伸。执行的结果如图 5-15 最右侧的图形所示。

图 5-15　执行拉伸命令的过程

5.4　修改图形对象

利用中文版 AutoCAD 2015，用户可以方便地修改已有的图形对象，如改变线段和圆弧的长度，对图形对象进行修剪、延伸、拉长、打断、分解、倒圆角或倒直角等操作。

5.4.1　修剪图形对象

通过使用"修剪"命令，用户可以缩短或拉长选定的对象，使其与其他对象的边精确地相接。可以修剪的对象包括圆弧、圆、椭圆弧、直线、开放的二维和三维多段线、射线、样条曲线和参照线。使用 TRIM 命令也可以剪切尺寸标注线。

1．调用命令的方法

调用"修剪"命令有如下方法：
- 命令：在命令行中输入 TRIM 或 TR 并按回车键。
- 按钮：在功能区单击"默认"选项卡，再单击"修改"选项板上的"修剪"按钮。

2．命令提示

命令: TRIM↙
当前设置:投影=UCS，边=无（当前修剪模式）
选择剪切边...
选择对象或 <全部选择>：（选择要剪切边的对象）
选择对象: ↙（按回车键，结束"选择剪切边"提示）
选择要修剪的对象，或按住 Shift 键选择要延伸的对象，或[栏选(F)/窗交(C)/投影(P)/边(E)/删除(R)/放弃(U)]：

专家指点

> 有效的剪切边对象包括二维和三维多段线、圆弧、圆、椭圆、布局视口、直线、射线、面域、样条曲线、文字和构造线。

3．选项说明

命令提示中各选项含义如下：

（1）选择要修剪的对象

该选项为默认项，用于选取被剪切对象的被剪切部分。若直接选取所选对象上的某部分，则 AutoCAD 将剪去该部分。在修剪几个对象时，使用不同的选择方法有助于选择当前的剪切边和修剪对象，如图 5-16 所示。

 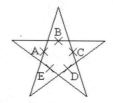 

（a）选择剪切边 　　　　（b）选择要修剪的对象 　　　　（c）修剪结果

图 5-16　修剪图形对象

（2）按住【Shift】键选择要延伸的对象

修剪命令也提供了延伸对象的功能，按住【Shift】键并选择要延伸的对象，按回车键执行命令。延伸与修剪的操作方法相同，如图 5-17 所示。

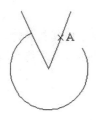 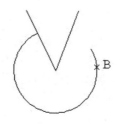 

（a）选择延伸边界 　　　　（b）选择要延伸的对象 　　　　（c）延伸结果

图 5-17　延伸对象

（3）投影

确定执行修剪的空间。选择该选项后，AutoCAD 提示：

输入投影选项 [无(N)/UCS(U)/视图(V)] <UCS>:

该提示中各选项含义如下：

- 无：表示按三维（不是投影）方式修剪。该选项只对在空间交叉的对象有效。
- UCS：在当前用户坐标系的 XOY 平面上修剪，此时也可在 XOY 平面上按投影关系修剪在三维空间中没有交叉的对象。
- 视图：在当前视图平面上修剪。

（4）边

用来确定修剪方式。选择该选项后，AutoCAD 提示：

输入隐含边延伸模式 [延伸(E)/不延伸(N)] <不延伸>:

该提示中各选项含义如下：

● 延伸：按延伸的方式剪切。在该状态下，如果用户指定的剪切边界太短，没有与被剪切对象相交，则不能按正常的方式进行剪切，此时 AutoCAD 会假想将剪切边界延长，使它们精确地延伸至与其他对象的交点处，然后再进行修剪，如图 5-18 所示。

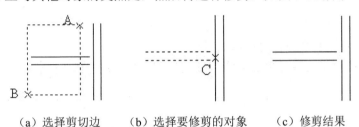

（a）选择剪切边   （b）选择要修剪的对象   （c）修剪结果

图 5-18   按延伸的方式剪切对象

● 不延伸：该选项为默认项。在该状态下，按剪切边界与剪切对象的实际相交情况进行剪切。如果被剪切边与剪切边没有相交，则不进行剪切。

（5）放弃

用来取消上一次的操作。

5.4.2   延伸图形对象

用"延伸"命令可以延伸图形对象，使它与其他的图形对象相接或精确地延伸至由选定对象定义的边界上。可被延伸的对象包括：圆弧、椭圆弧、直线、开放的二维多段线和三维多段线以及射线。

1．调用命令的方法

调用"延伸"命令有如下方法：

● 命令：在命令行中输入 EXTEND 或 EX 并按回车键。

● 按钮：在功能区单击"默认"选项卡，再单击"修改"选项板上的"延伸"按钮 。

2．命令提示

命令:EXTEND✓
当前设置:投影=UCS，边=无（当前延伸操作的设置）
选择边界的边...
选择对象或 <全部选择>:（选择作为边界的对象）
选择要延伸的对象，或按住 Shift 键选择要修剪的对象，或 [栏选(F)/窗交(C)/投影(P)/边(E)/放弃(U)]:

3．选项说明

命令提示中各选项含义如下：

（1）选择要延伸的对象

该选项为默认项。选取延伸边界（如图 5-19 所示），B 为延伸边界，A 为要延伸的圆弧。若直接选取对象，AutoCAD 会把该对象延伸到指定的边界处。

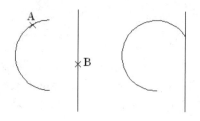

图 5-19　延伸图形对象

（2）按住【Shift】键选择要修剪的对象

延伸命令也提供了修剪对象的功能，按住【Shift】键并选择要修剪的对象。延伸与修剪的操作方法相同。

（3）投影

确定执行延伸的空间。选择该选项后，AutoCAD 提示：

输入投影选项[无(N) /UCS(U)/视图(V)]<UCS>：

该提示中各选项含义如下：

● 无：按三维（不是投影）方式延伸。需要有能够相交的对象才能延伸。

● UCS：该选项为默认项。在当前 UCS 的 XOY 平面上延伸，此时可在 XOY 平面上按投影关系延伸在三维空间中不能相交的对象。

● 视图：在当前视图上延伸。

（4）边

确定延伸的方式。选择该选项后，AutoCAD 提示：

输入隐含边延伸模式[延伸(E)/不延伸(N)]<不延伸>：

该提示中各选项含义如下：

● 延伸：假如延伸边界太短，延伸边延伸后不能与其相交，此时 AutoCAD 会假想将延伸边界延长，使延伸边伸长到与其相交的位置。

● 不延伸：该选项为默认项。按延伸边界与延伸边的实际位置进行延伸。

（5）放弃

用来取消上一次的操作。

专家指点

只有不封闭的多段线才能延伸，封闭的多段线则不能延伸。将多段线作边界时，其中心线为实际的边界线。对有宽度的直线段和弧，按原倾斜度延长。如果延长后末端的宽度出现负值，则其宽度将被改变为零。

5.4.3　拉长图形对象

使用"拉长"命令可以改变非闭合直线、圆弧、非闭合多段线、椭圆弧以及非闭合样条曲线的长度，还可以改变圆弧的包含角。但对于闭合的图形对象不产生影响。

1．调用命令的方法

调用"拉长"命令有如下方法：

- 命令：在命令行中输入 LENGTHEN 或 LEN 并按回车键。
- 按钮：在功能区单击"默认"选项卡，再单击"修改"选项板上的"拉长"按钮

2．命令提示

命令: LENGTHEN✓
选择对象或 [增量(DE)/百分数(P)/全部(T)/动态(DY)]:

3．选项说明

命令提示中各选项含义如下：

- 选择对象

该选项为默认项。用户若直接选取对象，即执行该选项，AutoCAD 提示：

当前长度:

若是圆弧还会显示圆心角，同时，将继续提示最初的提示内容。

- 增量

该选项用来改变圆弧和直线的长度。选择该选项后，AutoCAD 提示：

输入长度增量或 [角度(A)] <0.0000>:（通过输入长度的增量或选择角度的方式改变弧长）

在该提示下，用户可以直接输入长度的增量来改变直线的长度，也可以选择"角度"选项，然后输入角度的增量来改变圆弧的角度。输入增量后，AutoCAD 提示：

选择要修改的对象或[放弃(U)]:（选取直线或圆弧或输入 U 取消上次操作）

AutoCAD 会以指定的增量修改选定直线的长度或圆弧的角度，该增量从距离选择点最近的端点处开始测量，即所选的对象按指定的长度或角度增量使离选择点近的一端变长或变短。增量为正值时，图形对象变长；增量为负值时，图形对象变短。图 5-20 和图 5-21 所示分别为对直线和圆弧进行拉长操作。

图 5-20　直线增加指定的长度　　　　图 5-21　圆弧增加指定的角度

- 百分数

以总长的百分比的形式改变圆弧或直线的长度。选择该选项后，AutoCAD 提示：

输入长度百分数 <100.0000>:（输入长度的百分比）
选择要修改的对象或 [放弃(U)]:（选取对象或输入 U 取消上次操作）

此时，所选圆弧或直线在离选择点近的一端按指定的比例值变长或变短。

- 全部

输入直线或圆弧的新长度来改变其长度。选择该选项后，AutoCAD 提示：

指定总长度或 [角度(A)] <1.0000>:（输入直线新长度或圆弧新角度）
选择要修改的对象或 [放弃(U)]:（选取对象或输入 U 取消上次操作）

此时，所选圆弧或直线在离选择点近的一端按指定的角度或长度变长或变短。

- 动态

通过拖动选定对象的端点之一来改变其长度，其他端点保持不变。选择该选项后，AutoCAD 提示：

选择要修改的对象或 [放弃(U)]:（选择要拉长的对象）
指定新端点:（输入新结束点的坐标或用鼠标拾取点）

在相应的提示下拾取图形对象，并拖动鼠标指针就可以动态改变圆弧或直线的长度。若输入 U，则取消上一次操作。

5.4.4 打断图形对象

使用"打断"命令可以在图形对象上按指定的间隔将其分成两部分，并将指定的那部分间隔对象删除，从而在对象上创建一定的间距。

在打断对象时，可以先在第一个打断点选择对象，然后指定第二个打断点；也可以先选择整个对象，然后分别指定两个打断点。

1．调用命令的方法

调用"打断"命令有如下方法：

- 命令：在命令行中输入 BREAK 或 BR 并按回车键。
- 按钮：在功能区单击"默认"选项卡，再单击"修改"选项板上的"打断"按钮 。

2．命令提示

命令: BREAK↙
选择对象:（点取要断开的对象上的一点，并将该点作为断开处的第一点）
指定第二个打断点或 [第一点(F)]:

3．选项说明

命令提示中各选项含义如下：

- 指定第二个打断点

当以默认点为第一个打断点时，在"指定第二个打断点或 [第一点(F)]:"提示下直接指定第二个打断点。AutoCAD 将以指定的打断点打断对象，结果如图 5-22 所示。

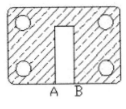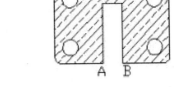

图 5-22　打断图形对象

● 第一个点

使用该选项可指定其他点作为第一个打断点。选择该选项后，AutoCAD 提示：

> 指定第一个打断点:
> 指定第二个打断点:

依次响应以上提示，AutoCAD 将按指定的打断点使对象产生间隔。

另外，当对象只需要从某点处断开，而不需要产生间隔时，可单击"修改"选项板中的"打断"按钮，AutoCAD 将提示：

> 选择对象:（使用对象选择方式选择对象）
> 指定第二个打断点　或 [第一点(F)]:（在选定对象上拾取一点）

对以上提示依次做出响应后，AutoCAD 将按指定的打断点打断对象。

5.4.5　分解图形对象

使用"分解"命令可以将一个整体对象，如矩形、正多边形、块、尺寸标注、多段线以及面域等分解成一个个独立的对象，以便于对其进行编辑操作。但值得注意的是，图形对象一旦被分解后，便不可再复原。

1．调用命令的方法

调用"分解"命令有如下方法：

● 命令：在命令行中输入 EXPLODE 并按回车键。

● 按钮：在功能区单击"默认"选项卡，再单击"修改"选项板上的"分解"按钮。

2．命令提示

> 命令: EXPLODE✓
> 选择对象: 找到 1 个（选择要分解的图形对象）
> 选择对象: ✓（按回车键，结束命令）

在该提示下选择要分解的对象并按回车键，AutoCAD 即可按所选对象的性质将其分解成各种对象的组件。

对于分解后的各个对象，用户可根据需要对其进行编辑操作。图 5-23 所示是对分解后的各条线段进行移动的结果。

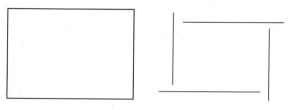

图 5-23　移动分解后的各条线段

所有可分解的对象在分解前后，其外观看起来没有变化，但该对象的颜色和线型可能改变。

5.4.6　给图形对象倒圆角

使用"圆角"命令可以通过一个指定半径的圆弧将两个对象光滑地连接起来，可以使用该命令的图形对象包括直线、多段线、构造线、圆弧、圆、椭圆、椭圆弧及样条曲线。

1．调用命令的方法

调用"圆角"命令有如下方法：

● 命令：在命令行中输入 FILLET 或 F 并按回车键。
● 按钮：在功能区单击"默认"选项卡，再单击"修改"选项板上的"圆角"按钮██。

2．命令提示

命令: FILLET↙
当前设置: 模式 = 修剪，半径 = 0.0000（报告当前的修剪模式和倒角半径）
选择第一个对象或 [放弃(U)/多段线(P)/半径(R)/修剪(T)/多个(M)]:

3．选项说明

命令提示中各选项含义如下：

（1）选择第一个对象

该选项为默认项。选择该选项后，AutoCAD 提示：

选择第二个对象，或按住 Shift 键选择要应用角点的对象:（选择倒角的第二条边）

此时，AutoCAD 会对选定的两个对象按设定的半径进行倒圆角处理，如图 5-24 所示。

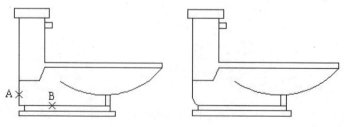

图 5-24　给图形对象倒圆角

（2）多段线

对二维多段线倒圆角。选择该选项后，AutoCAD 提示：

选择二维多段线:

选择一个多段线后,AutoCAD 将按已设置的圆角半径在该多段线各个顶点处倒圆角,如图 5-25 所示。对于封闭多段线,若用 CLOSE 命令封闭,则各个转折处均倒圆角;若用对象捕捉封闭,则最后一个转折处将不倒圆角,如图 5-24 中的 A 点。除此之外,如果某一角的两条边长度足够,则可以对其倒圆角;而如果角的两边的长度过短,小于设定的圆角半径,则不能对其倒圆角。

如果将圆角半径设置为 0,则不插入圆角弧。如果两条多段线的直线段被一段圆弧分隔,AutoCAD 将删除这段圆弧并延伸直线使它们相交。

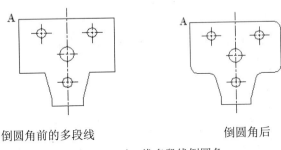

倒圆角前的多段线　　　　　　　　　倒圆角后

图 5-25　对二维多段线倒圆角

（3）半径

设置倒圆角的圆角半径。选择该选项后,AutoCAD 提示:

指定圆角半径 <0.0000>:（输入圆角半径）

所输入的圆角半径值将在以后每次执行倒圆角命令时起作用,直到再次改变圆角半径的值为止。

（4）修剪

确定倒圆角是否修剪边界。选择该选项后,AutoCAD 提示:

输入修剪模式选项 [修剪(T)/不修剪(N)] <修剪>:

该提示中各选项含义如下:

● 修剪:表示在倒圆角的同时对相应的两条边进行修剪。

● 不修剪:表示在倒圆角的同时对相应的两条边不进行修剪。

图 5-26 所示为不同的修剪选项对倒圆角命令结果的影响。

原图　　　　　　　　　　修剪　　　　　　　　　不修剪

图 5-26　不同的修剪选项对倒圆角命令结果的影响

（5）多个

重复执行该命令。

5.4.7 给图形对象倒直角

使用"倒角"命令是在两条非平行线之间创建直线的快捷方法，它通常用来表示角点上的倒角边。"倒角"命令还可为多段线的所有角点加倒角。

可以为直线、多段线、参照线和射线加倒角。利用距离法可以指定每一条直线应该被修剪或延伸的总量。利用角度法可以指定倒角的长度以及它与第一条直线形成的角度。可以使被倒角对象保持倒角前的形状，也可以将对象修剪或延伸到倒角线。

如果正在被倒角的两个对象在同一图层，则倒角线将位于该图层中；否则，倒角线将位于当前图层中，此图层将影响对象的特性（包括颜色和线型）。

1. 调用命令的方法

调用"倒角"命令有如下方法：
● 命令：在命令行中输入 CHAMFER 并按回车键。
● 按钮：在功能区单击"默认"选项卡，再单击"修改"选项板上的"倒角"按钮。

2. 命令提示

命令: CHAMFER↙
（"修剪"模式) 当前倒角距离 1 = 0.0000，距离 2 = 0.0000（报告当前倒角的距离）
选择第一条直线或 [放弃(U)/多段线(P)/距离(D)/角度(A)/修剪(T)/方式(E)/多个(M)]:

3. 选项说明

命令提示中各选项含义如下：
（1）选择第一条直线
该选项为默认项，用户可直接选择要编辑的第一条直线，AutoCAD 提示：

选择第二条直线，或按住 Shift 键选择要应用角点的直线:

AutoCAD 会对选定的两条线按设定的角度和距离进行倒角处理。图 5-27 所示为对两矩形的各邻边分别进行倒直角处理而得到的健身器图形。

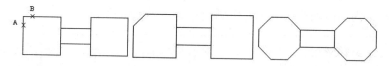

图 5-27 给图形对象倒直角

（2）多段线
表示对整条多段线倒角，选择该选项后，AutoCAD 提示：

选择二维多段线:

选择二维多段线后，AutoCAD 将对多段线的各个顶点分别倒角，如图 5-27 所示。

对于封闭多段线，若用 CLOSE 命令进行封闭，则多段线的各个转折处均进行倒角；若用对象捕捉功能封闭的多段线，则在最后的转折处不进行倒角，如图 5-28 中的 A 点。除此之外，如果某一角的两边的长度足够，则可以对其倒角；而如果角的两边的长度过短，小于设定的倒角距离，则不能对其倒角。

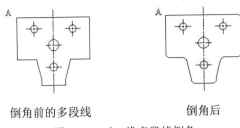

倒角前的多段线　　　　　　　倒角后

图 5-28　对二维多段线倒角

（3）距离

确定倒角时的倒角距离。选择该选项后，AutoCAD 提示：

指定第一个倒角距离 <0.0000>：（输入第一条边的倒角距离值）
指定第二个倒角距离 <10.0000>：（输入第二条边的倒角距离值）

倒角距离是每个对象与倒角线相接或与其他对象相交而进行修剪或延伸的长度，如图 5-28（b）所示。当两个倒角距离为零时，系统会延伸选定的两条直线，并使之交叉，但不产生倒角，如图 5-29（c）所示。用户所确定的第一条边与第二条边的倒角距离可以一样，也可以不一样，如图 5-29（d）所示。

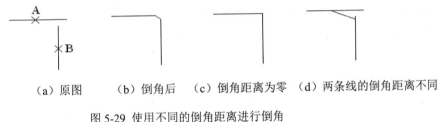

（a）原图　　（b）倒角后　　（c）倒角距离为零　（d）两条线的倒角距离不同

图 5-29 使用不同的倒角距离进行倒角

（4）角度

根据一个倒角距离和一个角度进行倒角。选择该选项后，AutoCAD 提示：

指定第一条直线的倒角长度 <0.0000>:
指定第一条直线的倒角角度 <0>:

（5）修剪

确定倒角时是否对相应的两条边进行修剪。选择该选项后，AutoCAD 提示：

输入修剪模式选项 [修剪(T)/不修剪(N)] <修剪>:

该提示中各选项的含义如下：

● 修剪：倒角后对倒角边进行修剪。

● 不修剪：倒角后对倒角边不进行修剪。

（6）方式

确定倒角的方式。选择该选项后，AutoCAD 提示：

输入修剪方法 [距离(D)/角度(A)] <角度>:

该提示中各选项的含义如下：

● 距离：按已确定的两条边的倒角距离进行倒角。

● 角度：按已确定的一条边的倒角距离及相应角度进行倒角。

（7）多个

重复执行该命令。

　专家指点

> 若两条直线平行或发散，则不能进行倒角。如果选择的两个倒角对象是一条多段线的两个线段，则它们必须相邻或仅隔一个弧线段。如果它们被弧线段间隔，倒角时将会删除此弧线段并用倒角线替换它。

5.5　编辑二维多段线

1．调用命令的方法

调用"编辑多段线"命令有如下方法：

● 命令：在命令行中输入 PEDIT 或 PE 并按回车键。

● 按钮：在功能区单击"默认"选项卡，再单击"修改"选项板上的"编辑多段线"按钮 。

2．命令提示

> 命令: PEDIT✓
> 选择多段线或 [多条(M)]：（选择多段线）
> 输入选项[闭合(C)/合并(J)/宽度(W)/编辑顶点(E)/拟合(F)/样条曲线(S)/非曲线化(D)/线型生成(L)/放弃(U)]:

　专家指点

> 执行 PEDIT 命令后，如果选择的对象不是多段线，系统将显示"是否将其转换为多段线？<Y>"提示信息，此时，如果输入 Y，则可将选中对象转换为多段线，然后在命令行中显示与前面相同的提示。

3．选项说明

命令提示中各选项含义如下：

（1）闭合

如果用户选中的多段线是非闭合的，使用该选项可使之封闭；如果用户选中的多段线是闭合的，则该选项替换为"打开"选项，使用它可打开闭合的多段线。

（2）合并

可将其他的多段线、直线或圆弧连接到正在编辑的多段线上，形成一条新的多段线。要往多段线上连接的实体与多段线必须有一个共同的端点。

（3）宽度

可以改变多段线的线宽，将多段线的各段线宽统一变为新输入的线宽值。

（4）编辑顶点

编辑多段线的顶点。选择该选项后，AutoCAD 提示：

输入顶点编辑选项[下一个(N)/上一个(P)/打断(B)/插入(I)/移动(M)/重生成(R)/拉直(S)/切向(T)/宽度(W)/退出(X)] <N>:

该提示中各选项含义如下：

● 下一个、上一个：移动位置标记。多段线的第一个顶点上有一个"×"标记，执行"下一个"选项，此标记移到多段线的下一个顶点，执行"上一个"选项，此标记移到前一个顶点。

● 打断：删除多段线上指定的两个顶点之间的线段。执行该选项，AutoCAD 把当前的编辑顶点作为第一个打断点，并提示：

输入选项 [下一个(N)/上一个(P)/执行(G)/退出(X)] <N>:

其中，"下一个"、"上一个"选项用于前后移动编辑顶点，以确定第二个打断点。"执行"选项用于执行位于两个打断点之间的多段线的删除操作；"退出"选项用于退出"打断"提示，返回到上一级提示。

● 插入：为多段线增加新顶点。

● 移动：将当前的编辑顶点移动到新位置。

● 重生成：重新生成多段线。

● 拉直：拉直多段线中位于两指定点之间的线段。

● 切向：改变当前所编辑顶点的切线方向，可用于曲线拟合。执行该选项，AutoCAD 提示：

指定顶点切向:（确定顶点切向）

指定顶点切线方向。可直接输入表示切线方向的角度值，也可选取一点，该点与多段线上的当前点的连线方向为切线方向。

● 宽度：为多段线的不同部分指定宽度，当起始和终止宽度不同时，起始宽度用于当前点，终止宽度则用于下一顶点。

● 退出：退出顶点编辑操作。

（5）拟合

对多段线进行曲线拟合操作，可将多段线变成通过每个顶点的光滑连续的圆弧曲线，如图 5-30 所示。

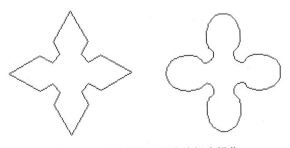

图 5-30　对多段线进行曲线拟合操作

（6）样条曲线

生成由多段线顶点控制的样条曲线。系统变量 SPLINESEGS 控制样条曲线的精度，它的值越大，样条曲线就越光滑；变量 SPLFRAME 决定是否在屏幕上显示原多段线，其值为 1 时，样条曲线与原多段线一同显示，值为 0 时，不显示原多段线；变量 SPLINETYPE 控制样条曲线的类型，其值等于 5 时，为二次 B 样条曲线，值等于 6 时，为三次 B 样条曲线。图 5-31 所示为生成的不同的样条曲线（其中图 5-31（a）为原图；图 5-31（b）为当 SPLINESEGS=1，SPLFRAME=1 时的效果；图 5-31（c）为当 SPLINESEGS=8，SPLFRAME=1 时的效果；图 5-31（d）为 SPLFRAME=0 时的效果）。

（7）非曲线化

还原多段线。取消拟合、样条曲线以及用 PLINE 命令中的 ARC 选项创建的圆弧段，将多段线中的各线段拉直，且顶点不变。

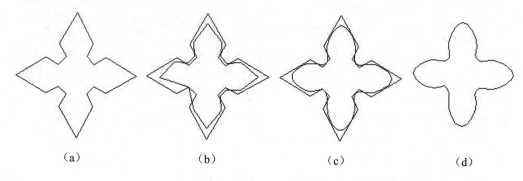

（a）　　　　　　（b）　　　　　　（c）　　　　　　（d）

图 5-31　生成由多段线顶点控制的样条曲线

（8）线型生成

控制多段线为非实线状态时的显示方式，当选择 ON 选项时，虚线或中心线等非实线型的多段线在角点处封闭；当选择 OFF 选项时，角点处是否封闭取决于线型比例。

（9）放弃

取消最近的一次编辑。

5.6　编辑样条曲线

用户可以通过"编辑样条曲线"命令来对通过 SPLINE 命令绘制的样条曲线进行编辑。通过该命令，可以删除样条曲线的拟合点，也可以为提高精度而添加拟合点，或者移动拟合点以修改样条曲线的形状，还可以打开或闭合样条曲线，编辑样条曲线的起点切向和端点切向。可以反转样条曲线的方向，也可以改变样条曲线的允差。允差表示样条曲线拟合时所指定的拟合点集的拟合精度。允差越小，样条曲线与拟合点越接近。

1．调用命令的方法

调用"编辑样条曲线"命令有如下方法：

● 命令：在命令行中输入 SPLINEDIT 并按回车键。

● 按钮：在功能区单击"默认"选项卡，再单击"修改"选项板上的"编辑样条曲线"按钮 ８ 。

2．命令提示

命令: SPLINEDIT↙
选择样条曲线:（选择要编辑的样条曲线）
输入选项 [拟合数据(F)/闭合(C)/移动顶点(M)/精度(R)/反转(E)/放弃(U)]:

3．选项说明

命令提示中各选项含义如下：

（1）拟合数据

修改拟合数据。如果选中的样条曲线带有拟合数据，则出现该选项。选择该选项后，在样条曲线上将显示拟合点的位置，如图 5-32（b）所示。

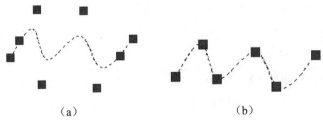

（a）　　　　　　　　　　（b）

图 5-32　在样条曲线上显示拟合点

选择该选项后，AutoCAD 提示：

输入拟合数据选项[添加(A)/闭合(C)/删除(D)/移动(M)/清理(P)/相切(T)/公差(L)/退出(X)] <退出>:

该提示中各选项含义如下：

● 添加：增加新的拟合点，样条曲线自动重新生成，使其通过新拟合点。选择该选项后，AutoCAD 提示：

指定控制点<退出>:（确定控制点）
指定新点 <退出>:（确定新点）

选取新点后，重新生成样条曲线，并反复出现上述提示，直到按回车键退出该选项。

● 闭合/打开：如果选取的样条曲线是未闭合的曲线，则出现"闭合"选项，可进行闭合操作；如果选取的样条曲线为已闭合的曲线，则出现"打开"选项，可进行打开操作。

● 删除：删除拟合点，样条曲线自动重新生成。选择该选项后，AutoCAD 提示：

指定控制点<退出>:（确定控制点）

在此提示下选择某一点，AutoCAD 会将该点删除，并根据其余控制点重新生成新样条曲线。

● 移动：移动当前拟合点。选择该选项后，AutoCAD 提示：

指定新位置或[下一个(N)/上一个(P)/选择点(S)/退出(X)]<下一个>:

此时 AutoCAD 把样条曲线的起始点作为当前点，并以高亮度显示。在上面的提示中，"下一个"、"上一个"选项分别用于选择当前控制点的下一个或前一个控制点作为新的当前操作点；"选择点"选项允许用户选择任意一个控制点作为当前操作点；如果用户确认了一个新点位置（即执行"指定新位置"默认项），AutoCAD 将把当前点移到该点，并仍保持该点为当前点，而且 AutoCAD 根据此新点与其他控制点生成新的样条曲线。

● 清理：从图形数据库中删除此样条曲线的拟合数据。清理样条曲线的拟合数据后，AutoCAD 重新显示不包括拟合数据选项的主 SPLIN 命令提示。提示变为：

输入选项 [闭合(C)/移动顶点(M)/精度(R)/反转(E)/放弃(U)/退出(X)] <退出>：

以上各选项的含义与 SPLINEDIT 命令中的各同名选项的含义相同。

● 相切：改变样条曲线在起始点与终止点的切线方向。选择该选项后，AutoCAD 提示：

指定起点切向或 [系统默认值(S)]：

可通过拖动鼠标指针单击拾取点的方式修改样条曲线的起始点处的切线方向；若输入 S，则表示当前样条曲线起始点处的切线方向为默认方向。接着 AutoCAD 继续提示：

指定端点切向或 [系统默认值(S)]：

修改样条曲线在终止点的切线方向，方法与修改起始点切线方向相似。

● 公差：修改拟合公差的值。选择该选项后，AutoCAD 提示：

输入拟合公差<1.0000E-10>：（输入拟合公差值）

● 退出：退出当前的"拟合数据（F）"操作，返回到上一级提示。

（2）闭合

封闭所编辑的样条曲线。选择该选项后，AutoCAD 提示：

输入选项 [打开(O)/移动顶点(M)/精度(R)/反转(E)/放弃(U)/退出(X)] <退出>：

此命令提示行中，新增加的"打开"选项可以打开所编辑的样条曲线，同时该命令行取消了"拟合数据"选项。其余各选项功能与 SPLINEDIT 命令中各同名选项功能相同。

（3）移动顶点

移动样条曲线上的当前点。选择该选项后，AutoCAD 提示：

指定新位置或[下一个(N)/上一个(P)/选择点(S)/退出(X)]<下一个>：

提示行中各选项的含义与"拟合数据"命令提示的子选项"移动"中的各同名选项相同。

（4）精度

对样条曲线的控制点进行操作。选择该选项后，AutoCAD 提示：

输入精度选项 [添加控制点(A)/提高阶数(E)/权值(W)/退出(X)] <退出>：

该提示中各选项含义如下：

● 添加控制点：增加样条曲线的控制点。选择该选项后，AutoCAD 提示：

在样条曲线上指定点<退出>：

在该提示下，拾取任一控制点，即会取消该点，同时增加新的点，且新点与样条曲线更加逼近。

● 提高阶数：控制样条曲线的阶数，阶数的最大值为 26。阶数越高，控制点越多，控制也越严格。选择该选项后，AutoCAD 提示：

输入新阶数 <4>:

● 权值：修改不同样条曲线控制点的权值。较大的权值会将样条曲线拉近其控制点。选择该选项后，AutoCAD 提示：

输入新权值 (当前值 = 1.0000) 或 [下一个(N)/上一个(P)/选择点(S)/退出(X)] <下一个>:

若直接输入某一数值，则执行"输入新权值（当前值=1.0000）"默认项，即将该数值作为当前点的新权值。其余各选项如"下一个"、"上一个"、"选择点"用来确定欲改变权值的点。"退出"选项用于退出权值的设置。

● 退出：退出当前的"精度"操作，返回到上一级提示。

（5）反转

用于转变样条曲线的方向。

（6）放弃

取消上一次的编辑操作，可以连续使用。

（7）退出

结束当前的"编辑样条曲线"的操作。

5.7　利用夹点编辑对象

通过夹点可以使用定点设备将多个最常用的编辑命令和对象结合在一起，以便更快地编辑。当夹点打开时，选定所需的对象，AutoCAD 将用夹点标记选定对象上的控制点，然后对对象进行复制、移动、拉伸、旋转和缩放等操作。

对不同的对象进行夹点操作时，对象上特征点的位置和数量都不相同，不同对象上的夹点数量及位置如表 5-1 所示。例如，选定一条直线后，直线的端点和中点处将打开夹点；当选择一个编组时，编组中每个成员都使用其自身的夹点标记。

表 5-1　不同对象上的夹点数量及位置

对象实体	夹点的数量及位置
直线	中点及两端点
矩形	四个顶点
多边形	各顶点
圆	圆心及四个象限点
圆弧	弧线中点及两端点
椭圆	中心及四个象限点
椭圆弧	中心、椭圆弧中点及两端点
多段线	直线段的端点及弧线段的中点和两端点
填充	图样填充的插入点

表 5-1　不同对象上的夹点数量及位置（续）

单行文本	文本插入点
多行文本	各顶点
图形文件	插入点
三维面	周边顶点
图块	插入点
尺寸标注	尺寸文字中心点、尺寸线端点

1．夹点设置

单击"菜单浏览器"按钮，单击"选项"按钮或在命令行中输入 DDGRIPS 并按回车键，均可弹出"选项"对话框。单击其中的"选择集"选项卡，在该选项卡的"夹点"选项区中可对夹点进行设置，如图 5-33 所示。

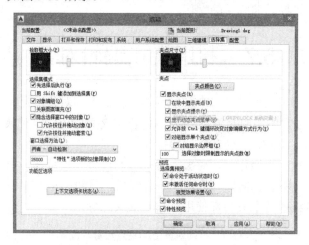

图 5-33　"选择集"选项卡

在"夹点"选项区中，"启用夹点"复选框用于确定当用户选定实体时是否出现夹点。"在块中启用夹点"复选框表示当用户选定带图块的图形实体时，通过系统变量 GRIPBLOCK 控制块中夹点的分配，当 GRIPBLOCK 设为 1 时，夹点被分配给块中的所有对象；当 GRIPBLOCK 设为 0 时，只为块的插入点分配一个夹点。

另外，通过该选项区中的其他选项，可以设置选中或未选中夹点的颜色，在"夹点大小"选项区中可调节夹点的大小。

2．夹点编辑

使用夹点进行编辑时首先要选择作为基点的夹点，这个被选定的夹点称为基夹点，然后选择一种夹点编辑模式：镜像、移动、旋转、拉伸或缩放。可以按空格键或回车键，或者通过键盘分别输入 MI、MO、RO、ST、SC 循环选取这些编辑模式。也可在绘图窗口中单击鼠标右键，从弹出的快捷菜单中选择一种夹点编辑模式或当前编辑模式下可用的任意选项。

若要将多个夹点作为基夹点，并且保持选定夹点之间的几何图形完好如初，需在选择夹点时按住【Shift】键；若要从显示夹点的选择集中删除特定对象，则在选择对象时按住【Shift】键，从选择集中删除的对象将不再被高亮显示，但它们的夹点仍保持活动状态；要退出夹点编辑模式并返回命令提示，可在命令行中输入 X（退出）或按【Esc】键。

关于每种夹点编辑模式的说明如下：

（1）利用夹点拉伸对象

与 STRETCH 命令的功能相似。选择基点后，AutoCAD 提示：

** 拉伸 **
指定拉伸点或 [基点(B)/复制(C)/放弃(U)/退出(X)]:

该提示中各选项含义如下：

● 指定拉伸点：该选项为默认项，指定基点被拉伸后的新位置。用户可以通过输入点的坐标或单击鼠标左键的方式指定新的位置，AutoCAD 则把选定的对象拉伸或移动到指定的位置。

● 基点：允许用户指定任意一点为基点，利用它进行拉伸操作。选择该选项后，AutoCAD 提示：

指定基点：（确定基点）

AutoCAD 会以用户确定的一点作为基点进行拉伸操作。

● 复制：允许用户进行多次拉伸操作，并且每操作一次就会留下一个副本。选择该选项后，AutoCAD 提示：

** 拉伸 (多重) **

在该提示下，用户可以对同一个夹点连续进行多次拉伸操作，直到退出该命令。

● 放弃：取消上一次的操作，可连续使用。

● 退出：退出当前的操作。

（2）利用夹点移动对象

此功能与 MOVE 命令功能相似，可以通过选定的夹点移动对象。选定的对象以高亮显示并按指定的下一点位置移动一定的距离，还可以进行多次复制。当选取基点并按回车键或直接在命令行中输入 MO 命令后，则执行 MOVE 命令，同时 AutoCAD 提示：

** 移动 **
指定移动点或 [基点(B)/复制(C)/放弃(U)/退出(X)]:

该提示中各选项含义如下：

● 指定移动点：该选项为默认项，指定移动对象时的目的点。用户可以通过单击鼠标左键的方式给出新的位置，也可以直接输入点的坐标，AutoCAD 则以基点为位移的起始点，以输入的点为终止点，将所选对象平移到新的位置。

● 基点：另外指定任一点为基点，并利用它进行移动对象的操作。

● 复制：允许用户进行多次移动操作。

● 放弃：取消上一次操作。

● 退出：退出当前操作。

（3）利用夹点旋转对象

此功能与 ROTATE 命令的功能相似，即把所选图形对象绕基点旋转一定的角度，也可以进行多次复制。

选定基点后，在命令行中输入 RO 或按两次回车键，即可执行 ROTATE 命令，此时 AutoCAD 提示：

```
** 旋转 **
指定旋转角度或 [基点(B)/复制(C)/放弃(U)/参照(R)/退出(X)]:
```

该提示中各选项含义如下：

● 指定旋转角度：该选项为默认项，用来指定旋转的角度。用户既可直接输入角度值，也可采用拖曳鼠标的方式确定旋转角。AutoCAD 将把用户所选定的对象绕基点旋转指定的角度。

● 参照：以参照的方式旋转对象。其功能与前面介绍的 ROTATE 命令的"参照"选项相似。

● 基点：另外指定一点作为基点，并围绕该点进行旋转操作。

● 复制：可进行多次旋转操作，并多次旋转其副本。

● 放弃：取消上一次操作。

● 退出：退出当前操作。

（4）利用夹点缩放对象

此功能与 SCALE 命令的功能相似，可以相对于基点缩放选定对象。通过把夹点向外拖动到指定位置来增大对象尺寸，或通过向内拖动来减小对象尺寸。也可在命令行中输入一个数值来设置相对缩放。选取基点后，通过在命令行中输入 SC 或按三次回车键的方式即可启动 SCALE 命令，同时 AutoCAD 提示：

```
** 比例缩放 **
指定比例因子或 [基点(B)/复制(C)/放弃(U)/参照(R)/退出(X)]:
```

该提示中各选项含义如下：

● 指定比例因子：该选项为默认项，用来指定缩放的比例系数。用户既可直接输入比例系数的值，也可用拖动的方式给定比例系数。

● 参照：用参照的方式对对象进行缩放，与 SCALE 命令中的相应选项功能相似。

其余各选项与上面介绍的各项操作方式相似，不再具体介绍。

（5）用夹点镜像对象

此功能与 MIRROR 命令功能相似，即把所选对象按指定的镜像线作镜像变换，所选的对象可以保留，也可以删除，还可以对其进行多次复制。

选定基点后，在命令行中输入 MI 或按四次回车键，即可启动 MIRROR 命令，同时 AutoCAD 提示：

```
** 镜像 **
指定第二点或 [基点(B)/复制(C)/放弃(U)/退出(X)]:
```

其中，"指定第二点"为默认项。用户可直接输入点的坐标，或用单击鼠标左键的方式给定一点，则 AutoCAD 将根据该点和基点确定镜像线，对用户所选对象进行镜像变换。其余各选项与前面所介绍的同名选项功能相似，不再具体介绍。

习题与上机操作

一．填空题

1．在 AutoCAD 中，可以使用系统变量_____控制文字对象的镜像方向。

2．利用_____命令可以建立一个与原对象相似的另一个对象，并将其放置在离原对象一定距离的位置。

3．利用"阵列"命令，可以创建按指定方式排列的多个对象副本，其排列方式有_____和_____。

4．使用_____命令可以通过一个指定半径的圆弧光滑地将两个对象连接起来。

5．利用夹点可对对象执行_____、_____、_____、_____、_____与_____等操作。

二．思考题

1．选择对象的方法有哪些？

2．如何快速选择对象？

3．如何使用夹点编辑对象？

4．如何阵列复制对象？

5．如何给图形对象倒圆角？

三．上机操作

1．绘制如图 5-34 所示的马桶平面图。

2．绘制如图 5-35 所示的微波炉图形。

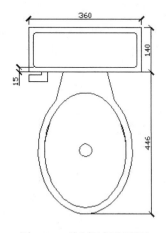

图 5-34　绘制马桶平面图

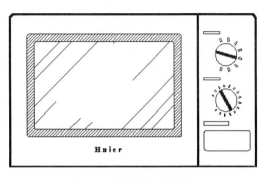

图 5-35　绘制微波炉图形

第 6 章　标注文本和尺寸

通过本章的学习，读者应掌握输入和编辑文本的方法，了解尺寸标注的组成和标注规则，掌握设置尺寸标注样式、创建尺寸标注、标注形位公差、编辑尺寸标注等操作。

学习重点和难点

- 输入和编辑文本
- 尺寸标注的组成和标注规则
- 设置尺寸标注样式
- 创建和编辑尺寸标注

6.1　输入和编辑文本

在 AutoCAD 中，用户可制作两种性质的文字，一种是单行文字，一种是多行文字。其中，单行文字主要用于制作不需要使用多种字体的简短内容的文字，如规格说明、标签等；多行文字主要用于制作一些复杂的说明性文字，用户可为其中的不同文字设置不同的字体、尺寸，还可以方便地在文字中添加特殊符号等。

文字样式主要用于定义字体、尺寸、高度、宽度因子等属性。例如，用户可为尺寸标注与说明文字定义不同的文字样式。

6.1.1　输入单行文本

在 AutoCAD 中，使用 TEXT 命令可以创建单行文本。在使用该命令时，系统首先提示用户指定插入点、文本样式、对齐和高度等特性。接下来用户可在命令行中输入一行或多行文字，在每行结束处都需按回车键。其中，每行文字都是独立的对象，用户可对其进行调整格式、重定位和修改内容等操作。

1. 调用命令的方法

调用"单行文字"命令有如下方法：

- 命令：在命令行中输入 TEXT 或 DTEXT 并按回车键。
- 按钮：在功能区单击"注释"选项卡，在"文字"选项板中单击"单行文字"按钮。

2. 命令提示

命令:TEXT✓
当前文字样式: Standard　文字高度: 2.5000（说明当前文字样式和文字高度等）
指定文字的起点或 [对正(J)/样式(S)]:（单击一点或输入一点坐标，该点为文字的插入点或称对齐点。系统以默认的左对正方式定位文字的对正点）

指定高度 <2.5000>:（输入文字高度值并按回车键）
指定文字的旋转角度 <0>:（输入文字的旋转角度值并按回车键）
输入文字: AutoCAD✓ （输入文字并按回车键）
输入文字: ✓ （按回车键，结束输入）

3．选项说明

命令提示中各选项含义如下：

（1）指定文字的起点

要求给出标注文字行底线的起点。确定该点后文字将从该点开始向右书写。

（2）对正

设置文字的对正方式。选择该选项后，命令行提示如下：

输入选项 [对齐(A)/布满(F)/居中(C)/中间(M)/右对齐(R)/左上(TL)/中上(TC)/右上(TR)/左中(ML)/正中(MC)/右中(MR)/左下(BL)/中下(BC)/右下(BR)]:

AutoCAD 对文字行定义了"顶线""中线""基线"和"底线"四条线，如图 6-1 所示。命令行提示中的各选项含义如下：

图 6-1 文字行的四条线

● 对齐：指定文字行底线的起点和终点，文字的高度和角度可自动调整，使文字均匀分布在两点之间。

● 布满：指定文字行底线的起点和终点、文字的高度，文字的宽度由两点之间的距离与文字的多少自动确定，使文字均匀分布在两点之间。

● 居中：指定文字行基线的中点，输入字高和旋转角度标注文字。

● 中间：指定一点，文字行的垂直和水平方向以此点为中心，输入字高和旋转角度标注文字。

● 右对齐：指定文字行基线的终点，输入字高和旋转角度标注文字。

其余九种对正方式如图 6-2 所示。其操作方法是首先输入文字的定位点，然后指定文字的高度、旋转角度标注文字。

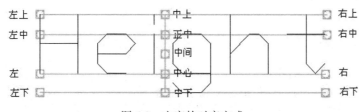

图 6-2 文字的对齐方式

（3）样式

确定文字样式。在此选项后输入所使用的文字样式的名称或"?"，显示当前已有的文字样式。如果不选择此项，则使用当前的文字样式。

6.1.2 输入多行文本

用 MTEXT 命令输入多行文本就是在指定的矩形内书写段落文字，如图纸说明等。该段落文字的宽度可以通过定义文本的边界矩形来确定。

1. 调用命令的方法

调用"多行文字"命令有如下方法：

- 命令：在命令行中输入 MTEXT 或 MT 并按回车键。
- 按钮：在功能区单击"默认"选项卡，在"注释"选项板中单击"多行文字"按钮 **A**。

2. 命令提示

命令: MTEXT
当前文字样式:"Standard"　文字高度:2.5（说明当前文字样式和文字高度等）注释性：否
指定第一角点:（输入点坐标或拾取一点作为要拖出方框的第一个对角点）
指定对角点或 [高度(H)/对正(J)/行距(L)/旋转(R)/样式(S)/宽度(W)/栏(C)]:（指定矩形方框的另一个对角点或对文字进行设置）

3. 选项说明

命令提示中各选项含义如下：

- 高度

指定多行文字的字符高度。

- 对正

指定边界矩形中的多行文字的对齐方式和书写方向。

- 行距

指定多行文字的行距。

- 旋转

指定多行文字的旋转角度。

- 样式

指定多行文字的样式。

- 宽度

指定多行文字的宽度。

- 指定对角点

这两点所确定的矩形框就是文字行的宽度。第一对角点为文字行顶线的起点，对角点可由鼠标拖动确定。当指定对角点后，弹出"文字编辑器"，如图6-3所示。

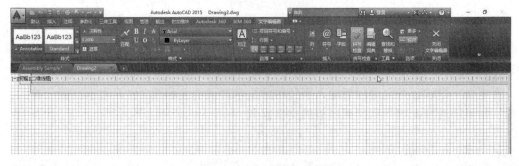

图6-3　"文字编辑器"

在多行文字编辑器中提供了多种对文字进行设置的选项，用户可以根据自己的需要对文字进行设置。

6.1.3 输入特殊符号

在 AutoCAD 中，某些符号不能用标准键盘直接输入，这些符号包括上划线、下划线、°、&、±、%等，但是用户可使用某些替代形式输入这些符号。输入这些符号时，TEXT 命令所使用的编码方法不同于 MTEXT 命令。下面分别讲述使用上述两种命令时输入特殊符号的方法。

1．在 TEXT 中输入特殊字符

表 6-1 列出了 TEXT 中的特殊字符及相应代码。

表 6-1 用 TEXT 生成的特殊字符

输入代码	对应字符	输入代码	对应字符
%%D	上划线‾	%%C	圆直径符号 φ
%%U	下划线__	%%P	正负号±
%%D	角度符号°	%%%	百分号%

例如，要生成字符串 AutoCAD，可用如下命令：%%UAutoCAD。用户还可利用%%nnn 输入任何字符或符号，其中 nnn 为各符号的 ASCII 码。

2．在 MTEXT 中输入特殊字符

MTEXT 比 TEXT 和 DTEXT 具有更大的灵活性，因为它本身就有一些格式化选项。例如，在如图 6-4 所示的"文字编辑器"中的"插入"面板选择"符号"按钮的下拉菜单，用户即可直接输入°、&等符号。下面通过输入字符串 7×&12±0.001，说明其操作步骤。

图 6-4 "符号"按钮的下拉菜单

（1）单击"注释"选项卡，在"文字"选项板中单击"多行文字"按钮，单击两点设置输入框，弹出"文字编辑器"选项卡。

（2）在文字输入区中输入数字 7，然后在输入法中拼写"cheng"，选中"×"符号。

（3）在"文字编辑器"中的"插入"面板选择"符号"按钮的下拉菜单中选择"直径"选项，然后输入 12。

（4）在"文字编辑器"中的"插入"面板选择"符号"按钮的下拉菜单中选择"正负"选项，然后输入 0.001，如图 6-5 所示。

（5）根据需要，将字符的高度设置为一个合适的值，点击空白图纸部分，系统将生成如图 6-6 所示的字符串。

图 6-5 输入其他符号和数字　　　　　　图 6-6 利用多行文字编辑器生成的字符串

专家指点

> 如果显示不正常，可以调整文字及特殊符号所使用的字体。

在 AutoCAD 中，用户还可使用"字符映射表"输入一些特殊字符。例如，要输入 $20m^2$，可按照如下操作完成：

（1）单击"注释"选项卡，在"文字"选项板中单击"多行文字"按钮，单击两点设置输入框，打开"文字编辑器"。

（2）输入 20m，ranhou 在"文字编辑器"中的"插入"面板选择"符号"按钮的下拉菜单中选择"其它"选项，弹出"字符映射表"对话框。

（3）在"字体"下拉列表框中选择不同的字体，查找自己所需的符号，然后单击该符号图标，如图 6-7 所示。

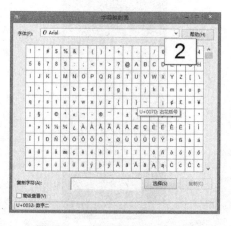

图 6-7 "字符映射表"对话框

（4）单击"选择"按钮，选中的字符将显示在"复制字符"文本框中，最后单击"复制"按钮。

（5）关闭"字符映射表"对话框，然后在"文字编辑器"的文字输入区中单击鼠标右键，从弹出的快捷菜单中选择"粘贴"选项，即可插入所选的字符，如图 6-8 所示。

图 6-8　插入上标

（6）根据需要调整文字尺寸，点击空白图纸部分，即可生成 20m^2 字符串。

6.1.4　创建和使用文本样式

由于不同的标识目的，有些说明要求使用黑体，有些要求使用斜体。所以，用户可根据需要创建各种文本样式。

文本样式定义了文本所使用的字体、高度、宽度系数等。用户可在一幅图形中定义多种文本样式。如果在输入文字时使用不同的文本样式，就会得到不同的字体效果。中文版 AutoCAD 2015 中用于设置文本样式的命令为 STYLE。

1．调用命令的方法

调用"文字样式"命令有如下方法：

● 命令：在命令行中输入 STYLE（ST）或 DDSTYLE 并按回车键。
● 按钮：在功能区单击"默认"选项卡，在"注释"选项板中单击 "管理文字样式"按钮。

使用以上任一方法调用该命令，AutoCAD 都将弹出"文字样式"对话框，如图 6-9 所示。用户可以根据需要创建或修改文字样式。

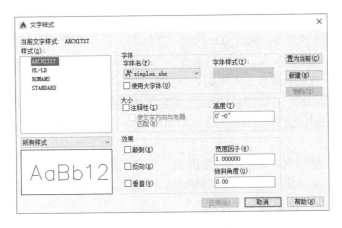

图 6-9　"文字样式"对话框

2．对话框选项区说明

对话框中各选项区的含义如下：

（1）样式

该列表中显示当前图形中所有文字样式的名称，用户可以指定列表中的一种样式为当前文字样式，新建图形的默认文字样式为 Standard。

图 6-10 "字体名"下拉列表

（2）字体

该选项区包括"字体名"、"字体样式"选项。

● 字体名：其下拉列表中列出了当前所有可用的字体名，如图 6-10 所示。它包括 Windows 标准的 True Type 字体（T 为 True Type 的字体图标）和 AutoCAD 专用字体（ 为 AutoCAD 的字体图标）。

● 字体样式：用于指定字体的样式，它只对 True Type 字体有效。当选中了一种 True Type 字体时，可用该下拉列表框设置字体样式。

（3）大小

该选项区中的"高度"文本框用于设置字体高度。如果设置字体高度为 0，则在使用 DTEXT、TEXT 标注文字时，系统将提示输入字体高度；如果该值大于 0，标注文字时这个高度不能改变。

（4）效果

该选项区用于修改字体的特性，例如颠倒、反向、垂直、宽度因子和倾斜角度。

● 颠倒：确定是否将文字颠倒标注，即旋转 180°。

● 反向：确定是否将文字以镜像方式标注。

● 垂直：垂直排列文本。对于 True Type 字体而言，该选项不可用。

● 宽度因子：设置字体的宽度比例系数。当比例系数为 1 时，表示按字体文件中定义的宽度比例标注文字；当比例系数小于 1 时，字体会变窄；当比例系数大于 1 时，字体会变宽。

● 倾斜角度：确定文字的倾斜角度。角度为 0 时不倾斜；角度为正时向逆时针方向倾斜；角度为负时向顺时针方向倾斜。

（5）新建

用于建立新的文字样式。单击该按钮弹出"新建文字样式"对话框，如图 6-11 所示。用户可以在"样式名"文本框中输入新的样式名。样式名由字母、数字和特殊字符组成，最多可达 31 个字符，系统默认设置为"样式 1"、"样式 2"等，每新建一个样式则数值增加 1。用户最好建立自己所需的样式，标注不同的字体用不同的样式名。如标注仿宋字将"样式名"设为"仿宋"，标注黑体字将"样式名"设为"黑体"。

图 6-11　"新建文字样式"对话框

（6）删除

用于删除某一文字样式。从下拉列表框中选择要删除的文字样式，然后单击"删除"按钮即可将该文字样式删除。

（7）应用

将对文本样式进行的调整应用于当前文本。

（8）取消

取消对已有类型的任何改变。

（9）关闭

当要改变或删除当前文字样式和创建新文字样式时，单击"应用"按钮后，原来的"取消"按钮变为"关闭"按钮。单击该按钮将关闭对话框。

6.1.5　编辑文本

一般来讲，编辑文本应涉及两个方面，即修改文本内容和文本特性。用户可像修改其他对象一样修改文本的内容、高度以及旋转角度等，其中字体改变可以通过修改文本样式来完成。

1．利用 DDEDIT 命令修改文本内容

该命令可用于修改单行文字及多行文字，也可用于修改块属性定义，而且根据不同对象显示不同的对话框。要执行该命令，可选中该文字模块后右击，在弹出的下拉菜单中单击"编辑多行文字"命令。当用户选择单行文字对象时（如图 6-12 所示），可以在此修改文本内容。

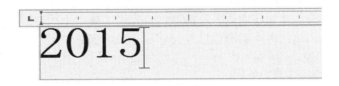

图 6-12　选择单行文字对象

当用户选择多行文字对象时，系统将弹出多行文字编辑器，可以在此修改文本内容及特性。

2．使用"特性"对话框修改文本内容及属性

用户可像修改其他所有对象一样，使用 PROPERTIES 命令或单击"修改>特性"命令来编辑文本对象。图 6-13 所示分别为单行文字和多行文字的"特性"对话框。

图 6-13 单行文字和多行文字的"特性"对话框

对于单行文字，可以直接利用"特性"对话框更改其内容。对多行文字而言，可以单击"文字"选项区"内容"文本框右侧的 按钮，在弹出的多行文字编辑器中更改其内容。

3．一次改变多个文本对象的比例

绘制的大型图形往往包含数以百计的需要修改的文本对象。如果一个个修改它们的比例，这简直是无法想象的复杂工作。利用 SCALETEXT 命令可以同时改变所选的多个文本对象的比例，而不改变其插入点的位置。甚至当选择的文本对象具有不同的文字样式时，该命令也可以对它们进行修改。

6.2 尺寸标注组成和标注规则

尺寸标注是工程制图中的一项重要内容，是零件制造、建筑施工和零、部件装配的重要依据。尺寸标注描述了机械图、建筑图等各类图形中物体各部分的实际大小和相对位置关系。AutoCAD 提供了一套完整的尺寸标注系统，系统按照图形的测量值和标注样式进行标注，同时 AutoCAD 还提供了功能很强的尺寸标注编辑功能。

在介绍具体的尺寸标注类型及功能前，首先来了解一下尺寸标注中的相关基本概念，如尺寸标注的规则、尺寸标注的组成以及尺寸标注的步骤等。

6.2.1 尺寸标注的规则

在中文版 AutoCAD 2015 中，对绘制的图形进行尺寸标注时，应遵循以下规则：

● 对象的真实大小应以图样上所标注的尺寸数值为依据，与图形的大小以及绘图的准确度无关。

● 图形中的尺寸以毫米（mm）为单位时，不需要标注计量单位的代号或名称。如采用其他单位，则必须注明相应计量单位的代号或名称，如度、厘米或米等。

● 图形中所标注的尺寸为该图形所表示的对象的最后完工尺寸，否则应另加说明。

● 对象的每一尺寸，一般只标注一次，并应标注在最后反映该对象最清晰的图形上。

6.2.2　尺寸标注的组成

一个完整的尺寸标注主要由以下几部分组成：尺寸界线、尺寸线、尺寸箭头和尺寸文字（即尺寸值），有时还要用到圆心标记和中心线，如图 6-14 所示。

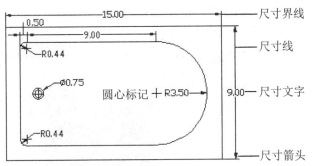

图 6-14　尺寸标注的组成

其中各组成部分的含义分别如下：

● 尺寸线：尺寸线用来表示尺寸标注的范围。它一般是一条带有双箭头的单线段或带单箭头的双线段。对于角度标注，尺寸线为弧线。

● 尺寸界线：为了标注清晰，通常用尺寸界线将标注的尺寸引出被标注对象之外。有时也用对象的轮廓线或中心线代替尺寸界线。

● 尺寸箭头：尺寸箭头位于尺寸线的两端，用于标记标注的起始、终止位置。"箭头"是一个广义的概念，也可以用短划线、点或其他标记代替尺寸箭头。

● 尺寸文字：尺寸文字用来标记尺寸的具体值。尺寸文字可以只反映基本尺寸，也可以带尺寸公差，还可以按极限尺寸形式标注。如果尺寸界线内放不下尺寸文字，AutoCAD 会自动将其放到外部。

● 圆心标记：由两条互相垂直的短线组成，表示圆或者圆弧圆心的具体位置。

6.2.3　创建尺寸标注的步骤

在 AutoCAD 中对图形进行尺寸标注时，通常应遵循如下步骤：

（1）在功能区单击"默认"选项卡，在"图层"面板中单击"图层特性"按钮，使用弹出的"图层特性管理器"对话框创建一个独立的图层，用于尺寸标注。

（2）在功能区单击"默认"选项卡，在"注释"面板中单击"文字样式"按钮，使用弹出的"文字样式"对话框创建一种文字样式，用于尺寸标注。

（3）在功能区单击"默认"选项卡，在"注释"面板中单击"标注样式"按钮，使用弹出的"标注样式管理器"对话框设置标注样式。

（4）使用对象捕捉等功能，对图形中的元素进行标注。

6.3 设置尺寸标注样式

使用标注样式可以控制尺寸标注的格式和外观，建立和强制执行绘图标准，并有利于对标注格式及其用途进行修改。在 AutoCAD 中，用户可以利用如图 6-15 所示的"标注样式管理器"对话框创建和设置标注样式。

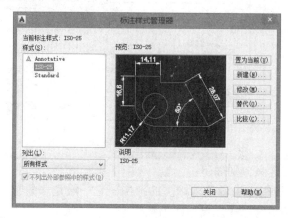

图 6-15　"标注样式管理器"对话框

在中文版 AutoCAD 2015 中打开"标注样式管理器"对话框有如下方法：

- 命令：在命令行中输入 DIMSTYLE、D、DST、DDIM 或 DIMSTY 并按回车键。
- 按钮：在功能区单击"默认"选项卡，在"注释"选项板中单击"管理注释样式"。
- 工具栏：单击"样式"选项卡中的"标注样式"按钮。

6.3.1 新建尺寸标注样式

在"标注样式管理器"对话框中，单击"新建"按钮，弹出"创建新标注样式"对话框，如图 6-16 所示。

图 6-16　"创建新标注样式"对话框

该对话框中各选项含义如下：

- 新样式名：该文本框用于输入新标注样式的名称。
- 基础样式：该下拉列表框用于选择一种基础样式，新样式将在该基础样式上进行修改。
- 用于：该下拉列表框用于指定新建标注样式的适用范围，可适用的范围有"所有标注""线性标注""角度标注""半径标注""直径标注""坐标标注"及"引线和公差"等。

设置了新标注样式的名字、基础样式和适用范围后，单击该对话框中的"继续"按钮，弹出如图 6-17 所示的"新建标注样式"对话框。

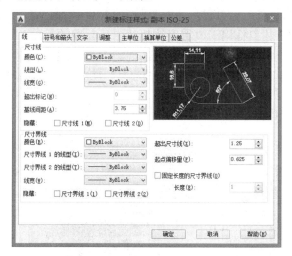

图 6-17　"新建标注样式"对话框

利用该对话框，用户可以对新建的标注样式进行具体的设置。

6.3.2　设置尺寸线

在"新建标注样式"对话框中，单击"线"选项卡，可以设置尺寸线和尺寸界线的颜色、线宽、位置等属性。

1．设置尺寸线

在"尺寸线"选项区中，可以设置尺寸线的颜色、线宽、超出标记以及基线间距等属性。

● 颜色：该下拉列表框用来设置尺寸线和箭头的颜色。在其下拉列表中选择一种颜色，或选择"选择颜色"选项，在弹出的"选择颜色"对话框中选择需要的颜色。

● 线型：用于设置尺寸线的线型。

● 线宽：该下拉列表框用来设置尺寸线的宽度。在其下拉列表中选择合适的线宽值即可。

● 超出标记：当尺寸箭头使用倾斜、建筑标记、小点、积分或无标记等样式时，使用该数值框来确定尺寸线超出尺寸界线的长度。

● 基线间距：该数值框用来设置基线标注中各尺寸线之间的距离。在该数值框中键入数值或通过单击微调按钮来进行设置。

● 隐藏：该选项区用来控制是否隐藏第一段、第二段尺寸线以及相应的箭头。选中"尺寸线 1"复选框，将隐藏第一段尺寸线以及与之相对应的箭头。同样，选中"尺寸线 2"复选框，将隐藏第二段尺寸线以及与之相对应的箭头。

2．设置尺寸界限

在"尺寸界线"选项区中，可以设置延伸线的颜色、线宽、超出尺寸线的长度、起点偏移量以及隐藏控制等属性。

- 颜色：用于设置延伸线的颜色，也可以使用变量 DIMCLRD 设置。
- 线型：分别用于设置"尺寸界线 1"和"尺寸界线 2"的线型。
- 线宽：用于设置延伸线的宽度，也可以使用变量 DIMLWD 设置。
- 超出尺寸线：该数值框用于设置延伸线超出尺寸线的长度。
- 起点偏移量：该数值框用于设置延伸线的起点与标注定义点的距离。
- 隐藏：通过选中"延伸线 1"或"延伸线 2"复选框，可以隐藏延伸线。

6.3.3　设置符号和箭头

单击"符号和箭头"选项卡，可以设置箭头、圆心标记、弧长符号、折断标注，以及半径折弯标注的折弯角度等，如图 6-18 所示。

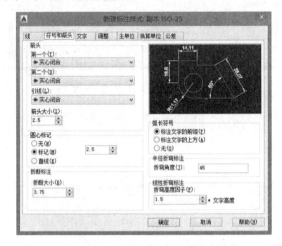

图 6-18　"符号和箭头"选项卡

1．设置箭头

在"箭头"选项区中，可以设置尺寸线和引线箭头的类型及尺寸大小等。

- 第一个：在该下拉列表框中选择一种箭头样式，以指定尺寸线一端的箭头样式。如果使尺寸线两端的箭头样式相同，只设置该选项即可。如果使尺寸线两端的箭头样式不相同，可通过"第二个"选项对尺寸线另一端的箭头样式单独进行设置。
- 第二个：在该下拉列表框中选择一种箭头样式，以指定尺寸线另一端的箭头样式。
- 引线：在该下拉列表框中选择一种箭头样式，以设置引线标注时引线起点的样式。
- 箭头大小：在该数值框中输入数值或调整数值，以确定尺寸箭头的大小。

2．设置圆心标记

在"圆心标记"选项区中，用户可以设置圆心标记的类型和大小。

- 无：选中此单选按钮不显示任何标记。
- 标记：选中此单选按钮可对圆或圆弧绘制圆心标记。
- 直线：选中此单选按钮可对圆或圆弧绘制中心线。

3．设置折断标注

● 折断大小：可以设置标注折断时标注线的长度。

4．设置弧长符号

● 标注文字的前缀：弧长符号设置在标注文字前方。
● 标注文字的上方：弧长符号设置在标注文字上方。
● 无：不显示弧长符号。

5．设置半径折弯标注

● 折弯角度：确定折弯半径标注中，尺寸线的横向角度。

6．设置线性折弯标注

● 折弯高度因子：可以设置折弯标注打断时折弯线的高度。

6.3.4　设置文字

单击"新建标注样式"对话框中的"文字"选项卡，可以设置文字的外观、位置和对齐方式，如图 6-19 所示。

图 6-19　"文字"选项卡

1．设置文字外观

"文字外观"选项区用于设置文字的样式、颜色、高度和分数高度比例，以及控制是否绘制文字边框。

● 文字样式：从该下拉列表框中选择一种文字样式，以指定标注文字的样式，也可以单击该下拉列表框右侧的██按钮，在弹出的"文字样式"对话框中进行设置。
● 文字颜色：从该下拉列表框中选择一种颜色，以指定标注文字的颜色。
● 填充颜色：用于设置标注文字的背景色。

● 文字高度：在该数值框中输入数值或调整数值，以设置文字的高度。

● 分数高度比例：设置标注文字中的分数相对于其他标注文字的缩放比例。AutoCAD 将该比例值与标注文字高度的乘积作为分数的高度。

● 绘制文字边框：选中该复选框，将给标注文字加上边框。

2. 设置文字位置

"文字位置"选项区用来设置标注文字的位置。

● 垂直：控制标注文字相对于尺寸线在垂直方向上的放置方式。该下拉列表框中共提供了"居中"、"上"、"外部"和 JIS 四个选项，用户可从中选择。当选择"居中"选项时，AutoCAD 将标注文字放在尺寸线的中间；当选择"上"选项时，AutoCAD 将标注文字放在尺寸线的上方；当选择"外部"选项时，AutoCAD 将标注文字放在远离第一定义点的尺寸线的一侧；当选择 JIS 选项时，AutoCAD 将标注文字按 JIS 规则放置。选择不同放置方式的效果如图 6-20 所示。

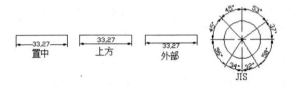

图 6-20　垂直放置标注文字的方式

● 水平：控制标注文字相对于尺寸线和尺寸界线在水平方向上的位置。该下拉列表框提供了"居中""第一条延伸线""第二条延伸线""第一条延伸线上方"和"第二条延伸线上方"五个选项。标注文字在选择不同选项时的位置关系如图 6-21 所示。

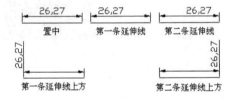

图 6-21　水平放置标注文字的五种方式

● 从尺寸线偏移：控制标注文字与尺寸线之间的距离。

3. 设置文字对齐方式

该选项区用来设置标注文字的对齐方式。

● 水平：用于标注文字水平放置；

● 与尺寸线对齐：使标注文字方向与尺寸线方向一致；

● ISO 标准：当标注文字在尺寸界线之内时，标注文字的方向与尺寸线方向一致，而在尺寸界线之外时水平放置。

6.3.5　设置调整

在"新建标注样式"对话框中单击"调整"选项卡，如图 6-22 所示。用户可用该选项卡控制标注文字、箭头、引线和尺寸线的位置。

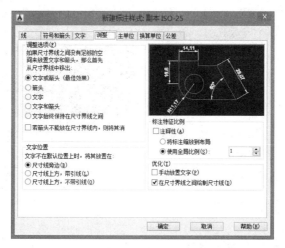

图 6-22　"调整"选项卡

1．调整选项

如果没有足够的空间同时放置标注文字和箭头时，可在该选项区进行调整，以决定先移出标注文字还是箭头。

该选项区提供了"文字或箭头（最佳效果）""箭头""文字""文字和箭头"和"文字始终保持在延绅线之间"五个单选按钮，用户可从中选择，而且还可根据需要选中"若箭头不能放在延伸线内，则将其消除延伸线"复选框。

2．文字位置

当文字不在默认位置时，用户可通过该选项区中的单选按钮来指定文字放置的位置。其单选按钮有"尺寸线旁边""尺寸线上方，带引线"和"尺寸线上方，不带引线"。

3．标注特征比例

该选项区用来设置尺寸的缩放关系。

当要给全部尺寸样式设置缩放比例时，可选中"使用全局比例"单选按钮，并在其数值框中输入数值或调整数值以设置全局比例。如果要根据当前模型空间视口与图纸空间之间的缩放关系设置比例，可选中"将标注缩放到布局"单选按钮。

4．调整

该选项区用来对标注尺寸进行附加调整。其附加选项有"手动放置文字"和"在尺寸界线之间绘制尺寸线"，用户可根据需要对其进行选择。

6.3.6　设置主单位

在"新建标注样式"对话框中单击"主单位"选项卡，如图 6-23 所示。使用该选项卡可以设置主单位的格式与精度，以及标注文字的前缀和后缀。

图 6-23　"主单位"选项卡

1．线性标注

该选项区用来设置线性标注的格式与精度。

● 单位格式：该选项可为各个标注类型（角度标注除外）选择尺寸单位。该下拉列表框提供"科学""小数""工程""建筑"和"分数"等选项，用户可从中选择。

● 精度：用来指定标注尺寸（除了角度标注尺寸之外）的小数位数。

● 分数格式：当标注单位是分数时，使用该选项来指定分数的标注格式。从其下拉列表框中可选择"水平""对角"或"非堆叠"选项，来指定分数的标注格式。

● 小数分隔符：用来指定小数之间的分隔符类型。用户可在该下拉列表框中选择"句点""逗点"或"空格"选项来对分隔符进行设置。

● 舍入：设置尺寸测量值（角度尺寸除外）的舍入值。在该数值框中直接键入数值或通过右边的微调按钮调整舍入值。

● 前缀：在该文本框中输入标注文字的前缀。

● 后缀：在该文本框中输入标注文字的后缀。

● 测量单位比例：在该选项区的"比例因子"数值框中输入测量尺寸的缩放比例值。如果要将设置的比例关系仅应用于布局，可选中"仅应用到布局标注"复选框。

● 消零：该选项区用来设置是否显示尺寸标注中的前导或后续零。用户可选中"前导"或"后续"复选框，或两者都选。

2．角度标注

该选项区用来设置角度标注的单位格式、精度以及是否消零。

● 单位格式：对标注角度时的单位格式进行设置。该下拉列表框提供了"十进制度数""度/分/秒""百分度"和"弧度"四个选项，用户可根据需要从中选择。

● 精度：确定标注角度尺寸时的精确度。

● 消零：该选项区用来确定是否消除角度尺寸的前导或后续零。

6.3.7　设置单位换算

"换算单位"选项卡用来设置换算单位的格式，其对应选项如图 6-24 所示。

图 6-24　"换算单位"选项卡

1．显示换算单位

该复选框用来控制换算单位的显示。选中该复选框可显示换算单位，进而对其进行设置。

2．换算单位

该选项区用来设置换算单位的格式、精度和倍数等。其中"换算单位倍数"数值框用于设置换算单位同主单位的转换因子。对于单位格式、精度、前缀和后缀的设置在介绍"主单位"选项卡时已详细介绍过，在此就不再介绍了。

3．消零

该选项区用来确定是否消除换算单位的前导或后续零。

4．位置

该选项区用来设置换算单位的位置。用户可在"主值后"和"主值下"两个单选按钮之间进行选择。

6.3.8　设置公差

"公差"选项卡用来确定是否标注公差，如果标注公差，将以哪一种方式进行标注。"公

差"选项卡中的选项如图 6-25 所示。

图 6-25 "公差"选项卡

1. 公差格式

该选项区用来设置公差标注格式。

● 方式：指定标注公差的方式。该下拉列表框提供了"无""对称""极限偏差""极限尺寸"和"基本尺寸"选项，用户可从中选择。图 6-26 所示的是不同的标注公差方式。

图 6-26 标注公差的不同方式

● 精度：设置尺寸公差的精度。
● 上偏差：在该数值框中输入数值，以指定尺寸的上偏差值。
● 下偏差：在该数值框中输入数值，以指定尺寸的下偏差值。
● 高度比例：设置公差文字的高度比例因子。
● 垂直位置：控制公差文字相对于标注文字的位置。用户可从该下拉列表框中选择"下""中"和"上"选项进行设置。
● 消零：确定是否消除公差值的前导和后续零。

2. 换算单位公差

在标注单位时，确定换算单位的精度和是否消除换算单位的前导和后续零。

6.4　创建尺寸标注

AutoCAD 提供了四种标准的尺寸标注类型。它们分别是线性标注、半径标注、角度标注和坐标标注。另外，AutoCAD 还提供了对齐标注、连续标注、基线标注和引线标注等尺寸标注类型。通过了解这些标注，可以灵活地给图形添加尺寸标注。

6.4.1　创建线性标注

"线性标注"用来测量两点之间的直线距离。它又分为水平标注、垂直标注和旋转标注三种类型。水平标注指标注对象在水平方向的尺寸。垂直标注指标注对象在垂直方向的尺寸。旋转标注指尺寸线旋转一定的角度，也即标注某一对象在指定方向投影的长度。

1．调用命令的方法

调用"线性标注"命令有如下方法：
- 命令：在命令行中输入 DIMLINEAR（DLI）或 DIMLIN 并按回车键。
- 按钮：在功能区单击"默认"选项卡，在"注释"选项板中单击"线性"按钮￼。
- 工具栏：单击"样式"选项卡中的"线性"按钮。

2．命令提示

命令: DIMLINEAR↙
指定第一条延伸线原点或 <选择对象>:（捕捉标注对象的起点）
指定第二条延伸线原点:（捕捉标注对象的终点）
指定尺寸线位置或[多行文字(M)/文字(T)/角度(A)/水平(H)/垂直(V)/旋转(R)]:
标注文字 = 28.83（标注尺寸文字的值）

3．选项说明

命令提示中各选项含义如下：
- 指定尺寸线位置

如果直接指定尺寸线的位置，则按自动测量的长度标注尺寸。
- 多行文字

选择该选项，AutoCAD 即可在功能区弹出多行文字编辑器，用户可通过该编辑器设置标注文字。
- 单行文字

选择该选项，AutoCAD 提示：

输入标注文字 <2.500>:（输入所要标注的尺寸值<系统自动测量的值>）

- 角度

该选项用来确定标注文字的旋转角度。选择该选项后，AutoCAD 提示：

指定标注文字的角度:（指定标注尺寸文字的旋转角度）

在该提示下输入文字的旋转角度值并按回车键，AutoCAD 就会按指定的角度旋转标注文字。

● 水平

该选项用来标注水平尺寸。选择该选项后，AutoCAD 提示：

指定尺寸线位置或 [多行文字(M)/文字(T)/角度(A)]：（指定标注尺寸线位置或[多行文字/文字/倾斜角度]）

在该提示下，用户可直接确定尺寸线的位置，也可以执行"多行文字""文字"或"角度"选项，以确定要标注的标注文字或标注文字的旋转角度。

● 垂直

该选项用来标注垂直尺寸。选择该选项后，AutoCAD 提示：

指定尺寸线位置或 [多行文字(M)/文字(T)/角度(A)]：

该提示与执行"水平"选项的提示相同，用户可按提示执行相应的操作。

● 旋转

执行该选项可对尺寸线进行旋转。选择该选项后，AutoCAD 提示：

指定尺寸线的角度 <0>：（指定标注尺寸线旋转角度<默认为 0 度>）

在该提示下输入尺寸线要旋转的角度值。

6.4.2　创建对齐标注

当需要标注斜线、斜面的尺寸时，可以采用对齐尺寸标注，此时标注出来的尺寸线与斜线、斜面相互平行。在进行对齐尺寸标注时，可以指定实体的两个端点，也可以直接选取实体。

1．调用命令的方法

调用"对齐尺寸"标注命令有如下方法：
● 命令：在命令行中输入 DIMALIGNED（DAL）或 DIMALI 并按回车键。
● 按钮：在功能区单击"注释"选项卡，在"标注"选项板中单击"对齐"按钮 。
● 工具栏：单击"样式"选项卡中的"对齐"按钮。

2．命令提示

命令:DIMALIGNED↙
指定第一条延伸线原点或<选择对象>：（指定第一条延伸线原点）
指定第二条延伸线原点：（指定第二条延伸线原点）
指定尺寸线位置或[多行文字（M）/文字（T）/角度（A）]：（拾取尺寸线位置点）
标注文字=11.2（所标注尺寸文字的值）

其中各选项类似线性尺寸标注选项。

6.4.3　创建角度标注

该标注用于标注圆弧的中心角、圆周上一段圆弧的中心角、两条不平行直线之间的夹角以及已知三点标注角度，如图 6-27 所示。

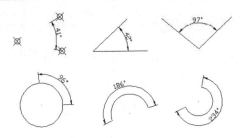

图 6-27　创建角度标注

1．调用命令的方法

调用"角度尺寸标注"命令有如下方法：

- 命令：在命令行中输入 DIMANGULAR（DAN）或 DIMANG 并按回车键。
- 按钮：单击"默认"选项卡，在"注释"选项板中单击"角度"按钮。
- 工具栏：单击"样式"选项卡中的"角度"按钮。

2．命令提示

命令: DIMANGULAR✓
选择圆弧、圆、直线或 <指定顶点>:（选择圆弧、圆、直线或指定顶点）

3．选项说明

命令提示中各选项含义如下：

- 圆弧

当在圆弧上选择一点后，AutoCAD 提示：

指定标注弧线位置或 [多行文字(M)/文字(T)/角度(A)]:（指定标注弧线的位置）

如果指定尺寸线的位置在圆弧不同侧时，标注角度值不一样，图 6-27 所示为标注在圆弧外侧的样式。

- 圆

在圆周上选择一点后，AutoCAD 提示：

指定角的第二个端点:（指定另一点作为角的第 2 个端点，该点可以在圆上，也可以不在圆上）
指定标注弧线位置或 [多行文字(M)/文字(T)/角度(A)]:（指定标注弧线的位置）

在该提示下指定标注弧线的位置后，将标出两点之间圆弧的角度尺寸。

- 直线

选择第一条直线后，AutoCAD 提示：

选择第二条直线:（选择第二条直线）
指定标注弧线位置或 [多行文字(M)/文字(T)/角度(A)]:（指定标注弧线的位置）

在该提示下指定标注弧线的位置后，两条直线的夹角按测量值标注。

- 顶点

该选项为默认项，直接按回车键，AutoCAD 提示：

指定角的顶点:（指定角的顶点）

指定角的第一个端点:（指定角的第一个端点）
指定角的第二个端点:（指定角的第二个端点）
指定标注弧线位置或 [多行文字(M)/文字(T)/角度(A)]:（指定标注弧线的位置）

在该提示下指定标注弧线的位置后，标注选定三点间的夹角。

6.4.4 创建半径尺寸标注

半径尺寸标注用于标注圆和圆弧的半径尺寸，如图 6-28 所示。

图 6-28　创建半径标注

1．调用命令的方法

调用"半径尺寸标注"命令有如下方法：
- 命令：在命令行中输入 DIMRADIUS（DRA）或 DIMRAD 并按回车键。
- 按钮：单击"默认"选项卡，在"注释"选项板中单击"半径"按钮 。
- 工具栏：单击"样式"选项卡中的"半径"按钮。

2．命令提示

命令: DIMRADIUS✓
选择圆弧或圆:（选择圆弧或圆）
标注文字 =5.32（为所标注的圆弧或圆的半径尺寸）
指定尺寸线位置或 [多行文字(M)/文字(T)/角度(A)]:（指定尺寸线的位置）

如果指定尺寸线的位置，将标出圆或圆弧的半径；如果选择"多行文字""文字""角度"选项，将确定标注的尺寸数字与其倾斜角度。

6.4.5 创建直径标注

"直径标注"用于标注圆或圆弧的直径尺寸，如图 6-29 所示。

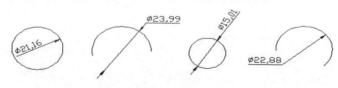

图 6-29　创建直径标注

1．调用命令的方法

调用"直径尺寸"标注命令有如下方法：

- 命令：在命令行中输入 DIMDIAMETER（DDI）或 DIMDIA 并按回车键。
- 按钮：在功能区单击"默认"选项卡，在"注释"选项板中单击"直径"按钮 。
- 工具栏：单击"样式"选项卡中的"直径"按钮。

2．命令提示

命令: DIMDIAMETER↙
选择圆弧或圆:（选择圆弧或圆）
标注文字 =12.22（为所标注的圆弧或圆的直径尺寸）
指定尺寸线位置或 [多行文字(M)/文字(T)/角度(A)]:（指定尺寸线的位置）

其中各选项含义与"半径标注"命令提示中的相应选项相同。

6.4.6　创建圆心标记

"圆心标记"用于标注圆心的中心标记或中心线。有三种方式，如图 6-30 所示。

图 6-30　创建圆心标记

1．调用命令的方法

调用"圆心标记"命令有如下方法：
- 命令：在命令行中输入 DIMCENTER 并按回车键。
- 按钮：在功能区单击"注释"选项卡，在"标注"选项板中单击"圆心标记"按钮 。
- 工具栏：单击"样式"选项卡中的"圆心标记"按钮。

2．命令提示

命令: DIMCENTER↙
选择圆弧或圆:

在该提示下直接选择圆弧或圆即可。

6.4.7　创建坐标标注

坐标标注用于标注相对于坐标原点的坐标。用户可以使用当前 UCS 的原点计算每个坐标，也可以设置一个不同的原点。X 基准坐标标注沿 X 轴测量一个点与基准点的距离，Y 基准坐标标注沿 Y 轴测量距离。坐标标注的文字与坐标引线对齐。

1．调用命令的方法

调用"坐标标注"命令有如下方法：

- 在命令行中输入 DIMORDINATE（DOR）或 DIMORD 并按回车键。
- 在功能区单击"注释"选项卡，在"标注"面板中单击"坐标"按钮。
- 工具栏：单击"样式"选项卡中的"坐标"按钮。

2．命令提示

> 命令: DIMORDINATE✓
> 指定点坐标:（指定一点，AutoCAD 使用该点作为引线的起点）
> 指定引线端点或 [X 基准(X)/Y 基准(Y)/多行文字(M)/文字(T)/角度(A)]:（指定一点确定引线的端点，或者选择一个选项）

在该提示下，当直接指定引线端点的位置时，如果相对于标注点上下移动光标，将标注点的 X 坐标；如果相对于标注点左右移动光标，将标注点的 Y 坐标，如图 6-31 所示。

也可以分别执行"X 基准"和"Y 基准"选项，为指定点分别标注 X、Y 坐标。而且也可以执行其他选项，以确定标注文字和标注文字的旋转角度。

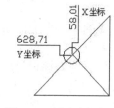

图 6-31　创建坐标标注

6.4.8　创建基线标注

基线标注是自同一基线处测量的多个标注。在创建该标注之前，必须创建线性、坐标或角度标注，以作为基线标注的基准。

1．调用命令的方法

调用"基线标注"命令有如下方法：
- 命令：在命令行中输入 DIMBASELINE 或 DBA 并按回车键。
- 按钮：在功能区单击"注释"选项卡，在"标注"选项板中单击"基线"按钮。
- 工具栏：单击"样式"选项卡中的"基线"按钮。

2．命令提示

> 命令: DIMBASELINE✓
> 指定第二条延伸线原点或 [放弃(U)/选择(S)] <选择>:✓（按回车键显示选择基准标注提示）
> 选择基准标注:（选择作为当前标注的基准标注）
> 指定第二条延伸线原点或 [放弃(U)/选择(S)] <选择>:（指定下一条延伸线的原点）
> 标注文字 =20.02（为所标注的尺寸）

3．选项说明

命令提示中各选项含义如下：
- 放弃

取消上一次操作。
- 选择

当调用命令后，系统会以最后一次标注作为基准标注。若要选另外的标注作为基准标注，则按回车键，此时 AutoCAD 提示"选择基准标注："，在此提示下选择基准标注即可。

选择基准标注的方法：若要以基准标注的那条延伸线为基准线，就单击该条延伸线，或点选尺寸线距该延伸线最近的一端。

图 6-32 所示为使用基线标注后的效果。

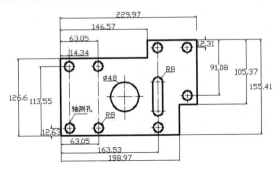

图 6-32　基线标注

6.4.9　创建连续标注

"连续标注"是首尾相连的多个标注。在创建该标注之前，也必须先创建线性标注、坐标标注或角度标注，以用作连续标注的基准。

1．调用命令的方法

调用"连续标注"命令有如下方法：
- 命令：在命令行中输入 DIMCONTINUE（DCO）或 DIMCONT 并按回车键。
- 按钮：在功能区单击"注释"选项卡，在"标注"选项板中单击"连续"按钮。
- 工具栏：单击"样式"选项卡中的"连续"按钮。

2．命令提示

命令：DIMCONTINUE↙
指定第二条延伸线原点或 [放弃(U)/选择(S)] <选择>:↙（按回车键，显示选择连续标注提示）
选择连续标注：（选择连续标注的先一个标注）
指定第二条延伸线原点或 [放弃(U)/选择(S)] <选择>:（指定下一条延伸线的原点）

例如，使用连续标注命令标注如图 6-33 所示的图形。

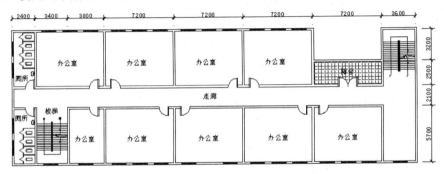

图 6-33　连续标注

6.4.10　快速标注

"快速标注"可以一次标注连续、交错、基线和坐标尺寸；一次标注多个圆或圆弧的直径或半径；编辑已有的标注。

1．调用命令的方法

调用"快速标注"命令有如下方法：
● 在命令行中输入 QDIM 并按回车键。
● 在功能区单击"注释"选项卡，在"标注"选项板中单击"快速标注"按钮 。
● 工具栏：单击"样式"选项卡中的"快速标注"按钮。

2．命令提示

命令：QDIM✓
选择要标注的几何图形:（选择需要标注尺寸的各图形对象，并按回车键）
指定尺寸线位置或[连续(C)/并列(S)/基线(B)/坐标(O)/半径(R)/直径(D)/基准点(P)/编辑(E)/设置(T)] <连续>:（指定尺寸线位置或选项）

3．选项说明

命令提示中各选项含义如下
● 连续
选择该选项后，再指定若干个要标注的对象，系统可以一次标注连续尺寸。
● 并列
选择该选项后，再指定若干个要标注的对象，系统可以一次标注并列尺寸。
● 基线
选择该选项后，再指定若干个要标注的对象，系统可以一次标注基线尺寸。
● 坐标
选择该选项后，再指定若干个要标注的点，系统可以一次标注这些点的坐标尺寸。
● 半径/直径
选择"半径"或"直径"选项后，再指定若干个要标注的圆或圆弧，系统可以一次标注这些圆或圆弧的半径或直径。
● 基准点
选择该选项后，在"选择新的基准点:"提示下重新指定一点，然后又返回到前一个提示。
● 编辑
选择该选项后，在选择对象的标注点上放一个小"×"，当提示"指定要删除的标注点或[添加(A)/退出(X)] <退出>:"时，用鼠标选取要删除或添加的点，系统将自动快速标注尺寸。

6.5　标注形位公差

形位公差包括形状公差和位置公差两种，是指导生产、检验产品和控制质量的技术依据。下面介绍形位公差的符号含义和如何使用形位公差来进行尺寸标注。

6.5.1　形位公差的符号表示

形位公差显示了特征的形状、轮廓、方向、位置和跳动的偏差。在 AutoCAD 中，通过特征控制框来显示标注的所有公差信息，如图 6-34 所示。

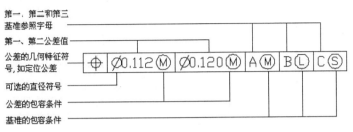

图 6-34　特征控制框

公差的符号及其含义如表 6-2 所示。

表 6-2　公差符号

符　号	含　义	符　号	含　义
⊕	位置度	⌒	面轮廓度
◎	同轴度	⌒	线轮廓度
⁼	对称度	↗	圆跳动
//	平行度	↗↗	全跳动
⊥	垂直度	⌀	直径
∠	倾斜度	Ⓜ	最大包容条件（MMC）
⌀	圆柱度	Ⓛ	最小包容条件（LMC）
▱	平面度	Ⓢ	不考虑特征尺寸（RFS）
○	圆度	Ⓟ	投影公差
——	直线度		

在形位公差中，特征控制框至少包含几何特征符号和公差值两部分，各组成部分的含义如下：

● 几何特征符号：用于表明位置、同心度或共轴性、对称性、平行性、垂直性、角度、圆柱度、平直度、圆度、直度、面剖、线剖、环形偏心度及总体偏心度等。

● 直径：用于指定一个图形的公差带，并放于公差值前。

● 公差值：用于指定特征的整体公差的数值。

● 包容条件：用于表示大小可变的几何特征，有Ⓜ、Ⓛ、Ⓢ 和"空白"四个选择。其中，Ⓜ表示最大包容条件，几何特征包含规定极限尺寸内的最大包容量，在Ⓜ中，孔应具有最小直径，而轴应具有最大直径；Ⓛ表示最小包容条件，几何特征包含规定极限尺寸内的最小包容量，在Ⓛ中，孔应具有最大直径，而轴应具有最小直径；Ⓢ表示不考虑特征尺寸，这时几何特征可以是规定极限尺寸内的任意大小。

● 基准：特征控制框中的公差值，最多可跟随三个可选的基准参照字母及其修饰符号。基准用来测量和验证标注在理论上精确的点、轴或平面。通常，两个或三个相互垂直的平面效果最佳，它们共同称作基准参照边框。

● 投影公差带：除指定位置公差外，还可以指定投影公差以使公差更加明确。

6.5.2 使用对话框标注形位公差

单击"注释"选项卡，在"标注"选项板中单击"公差"按钮，弹出"形位公差"对话框，在该对话框中可以设置公差的符号、值、基准等参数，如图 6-35 所示。

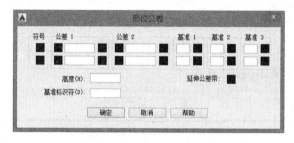

图 6-35 "形位公差"对话框

● 单击"符号"列中的■框，将弹出"特征符号"对话框，可以为第 1 个或第 2 个公差选择几何特征符号，如图 6-36 所示。

● 单击"公差 1"列前面的■框，将插入一个直径符号。

● 在"公差 1"列中间的文本框中可以输入一个公差值。

● 单击"公差 1"列后面的■框，这时弹出"附加符号"对话框，可以为第 1 个公差选择包容条件符号，如图 6-37 所示。

图 6-36 公差特征符号

图 6-37 选择包容条件符号

● 在"高度"文本框中可以输入投影公差带的值。投影公差带控制固定垂直部分延伸区的高度变化，并以位置公差控制公差精度。

● 单击"延伸公差带"后面的■框，可在投影公差带值的后面插入投影公差带符号。

● 在"基准标识符"文本框中可创建由参照字母组成的基准标识符号。

6.6 编辑尺寸标注的方法

当标注布局不合理时，可以进行编辑。本节将介绍三种常用的尺寸标注编辑方法。

6.6.1　编辑尺寸标注

使用 DIMEDIT 命令可以编辑修改所标注文字的内容、位置、旋转和尺寸界线的倾斜等。

1．调用命令的方法

调用"编辑尺寸标注"命令有如下方法：

● 命令：在命令行中输入 DIMEDIT（DED）或 DIMED 并按回车键。
● 按钮：在功能区单击"注释"选项卡中"标注"选项板中的"文字角度"按钮。
● 工具栏：单击"样式"选项卡中的"编辑标注文字"按钮。

2．命令提示

命令: DIMEDIT↙
输入标注编辑类型 [默认(H)/新建(N)/旋转(R)/倾斜(O)] <默认>:

用户可以根据需要选择相应的选项对尺寸进行编辑。

3．选项说明

命令提示中各选项含义如下：

● 默认
该选项用于将标注文字恢复到默认情况下的样式，但对未作修改的标注文字不起作用。

● 新建
用户选择该选项后，将会弹出多行文字编辑器。该编辑区中的<>表示原来的标注文字，用户可以在<>前后输入标注文字，也可以删除<>，重新输入新标注文字。

● 旋转
选择该选项后，被选定的标注文字将旋转用户指定的角度。

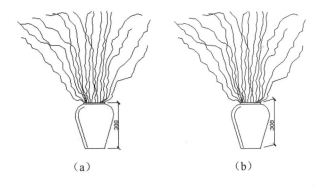

（a）　　　　　　　　（b）

图 6-38　尺寸界线的倾斜编辑

● 倾斜
该选项用于控制尺寸界线的倾斜角度。例如，将如图 6-38（a）所示的标注修改成如图 6-38（b）所示的效果。

6.6.2　编辑尺寸标注文本

使用 DIMTEDIT 命令可以修改尺寸标注文本的放置位置，有动态拖动文本的功能。

1．调用命令的方法

调用"编辑标注文字"命令有如下方法：

- 命令：在命令行中输入 DIMTEDIT 或 DIMTED 并按回车键。
- 按钮：在功能区单击"注释"选项卡，在"标注"选项板中单击"倾斜"按钮 $\boxed{H}$。

2．命令提示

命令: DIMTEDIT↙
选择标注:（选择所要编辑的标注，所选的标注变成随动状态）
为标注文字指定新位置或 [左对齐(L)/右对齐(R)/居中(C)/默认(H)/角度(A)]:

用户可根据标注要求选择相应的选项进行编辑。

3．选项说明

命令提示中各选项含义如下：
- 左对齐

将标注文字移到尺寸线的左侧，如果是垂直放置的，则放置到靠近第二条尺寸界线处。
例如，可以将如图 6-39（a）所示的标注文字编辑成如图 6-39（b）所示的标注文字。

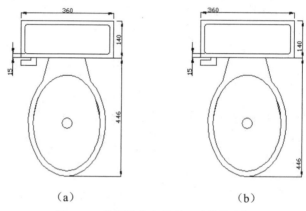

（a）　　　　　　　　　　　（b）

图 6-39　将标注文字移到尺寸线的左侧

- 右对齐

将标注文字移到尺寸线的右侧，如果是垂直放置的，则放置到靠近第一条尺寸界线处。
- 居中

将标注文字移到尺寸线的中间位置。
- 默认、角度

这两个选项的功能与 DIMEDIT 命令中的默认和旋转功能相同。

6.6.3　更新尺寸标注样式

在 AutoCAD 中给图形标注尺寸时，都是使用当前标注样式进行标注的。创建的标注将
保持此标注样式，除非对它应用新标注样式或设置其他标注样式替换。

1．调用命令的方法

调用"更新尺寸标注"命令有如下方法：

● 命令：在命令行中输入-DIMSTYLE 并按回车键。

● 按钮：在功能区单击"注释"选项卡，在"标注"选项板中单击"更新"按钮 ⊢。

2．命令提示

命令: DIMSTYLE
当前标注样式:ISO-25
输入标注样式选项[注释性(AN)/保存(S)/恢复(R)/状态(ST)/变量(V)/应用(A)/?] <恢复>:_APPLY
选择对象: （选择要更新的尺寸标注）

在该提示下选择要更新为当前标注样式的标注，然后按回车键。所选标注的标注样式即可更新为当前标注样式。

当要恢复标注样式时，可在功能区单击"默认"选项卡，在"注释"面板中单击"管理注释样式"，然后在弹出的"标注样式管理器"对话框中选择要恢复的标注样式，并单击"置为当前"按钮，最后单击"关闭"按钮即可。

习题与上机操作

一．填空题

1．在 AutoCAD 中，用户可制作两种性质的文字，它们分别为_____、_____。

2．使用 TEXT 命令输入文字时，系统将提示用户指定_____、_____、_____和_____等参数。

3．在 AutoCAD 中尺寸标注主要由_____、_____、_____和_____组成。

4．尺寸标注样式设置主要包括_____、_____、_____和_____等几项。

5．形位公差显示了特征的_____、_____、_____、_____和_____的偏差。

二．思考题

1．如何创建文字样式？

2．标注包括哪些类型？

3．连续标注和基线标注的区别是什么？

4．如何进行快速标注？

三．上机操作

1．绘制如图 6-40 所示的双人床，并进行尺寸标注。

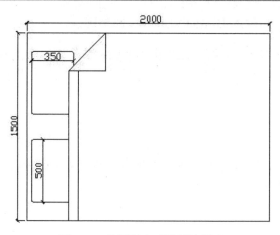

图 6-40　绘制双人床并标注尺寸

2．绘制如图 6-41 所示的图形，并进行尺寸标注。

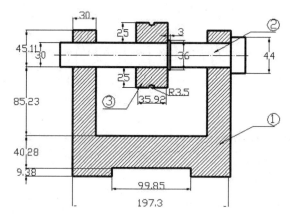

图 6-41　绘制图形并标注尺寸

第 7 章　使用图块和外部参照

通过本章的学习，读者应掌握内部块和外部块的定义方法，以及插入块、编辑块、使用块属性、使用外部参照等操作。

学习重点和难点

- 📟 定义、插入和编辑块
- 📟 定义和编辑块属性
- 📟 创建和管理外部参照

7.1　定义内部块

定义内部块就是把所选对象作为一个整体保存起来，以便在绘制图形时将其插入到所需要的位置上去。

1．调用命令的方法

调用创建块命令有如下方法：

- 命令：在命令行中输入 BLOCK（B）或 BMAKE 并按回车键。
- 按钮：在功能区单击"默认"选项卡，在"块"选项板中单击"创建"按钮 🖼。

使用以上任一方法调用该命令后，都将弹出"块定义"对话框，如图 7-1 所示。

图 7-1　"块定义"对话框

2．选项说明

该对话框中各选项含义如下：

（1）名称

该下拉列表框用于输入图块名称，如 CAD，可以输入一个长度不超过 255 个字符的字符串，可以包含字母、数字、"$"、"⎺"及"＿"等符号。

（2）基点

该选项区包含"拾取点"按钮🔲和"X：""Y：""Z："三个文本框，用户可以单击"拾取点"按钮直接在屏幕绘图区选定一点，也可以在相应文本框中输入 X、Y、Z 的坐标值来确定一个图块的插入基点。当插入图块时，插入基点与光标十字中心重合，所以通常选择所定义图块中图形对象上的特征点作为基点。

（3）对象

该选项区用于确定组成图块的图形对象，包含"选择对象"按钮🔲、"快速选择"按钮🔲和"保留""转换为图块""删除"三个单选按钮。其中：

● 选择对象：单击该按钮，用户可以直接在当前绘图区选定要作为图块的图形对象。

● 快速选择：单击该按钮，将弹出"快速选择"对话框，如图 7-2 所示。用户可以按照一定的条件选择当前绘图区中的某些图形对象组成图块。

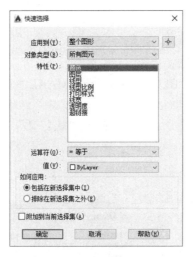

图 7-2 "快速选择"对话框

● 保留：确定在创建完图块后是否仍将保留这些组成图块的图形对象，并将它们当作一个个单独的图形对象。

● 转换为块：默认设置，确定在创建完图块后是否自动将这些组成图块的图形对象转换为一个图块。

● 删除：确定在创建完图块后，系统是否将这些组成图块的图形对象从当前绘图区中删除。

（4）块单位

该下拉列表框用于确定从 AutoCAD 设计中心拖动图块时的缩放单位。

（5）说明

该文本区用于输入与当前图块定义有关的文字说明。如输入"粗糙度"，这样便于在包含许多图块的复杂图形中迅速检索到该图块。

7.2　定义外部块

定义外部块与定义内部块相同的是把所选对象作为一个整体保存起来，以便在绘制图形时将其插入到所需要的位置上去。定义外部块与定义内部块所不同的是外部块是以独立的图形文件保存的，可以被所有图形使用。

在命令行中输入 WBLOCK 或 W 并按回车键，弹出"写块"对话框，如图 7-3 所示。

图 7-3　"写块"对话框

该对话框中各选项含义如下：

（1）源

该选项区用于确定组成图块的图形对象的来源。其中：

● 块：表示直接将 BLOCK 命令定义的内部块作为外部图块存盘。选中"块"单选按钮，其右边的下拉列表框中会列出当前图形中所有图块的名称。

● 整个图形：表示将整个图形文件作为一个外部图块存盘。

● 对象：表示将用户选择的图形对象作为外部图块存盘。

（2）基点和对象

"基点"和"对象"选项区与"块定义"对话框中的选项说明相同，在此不再介绍。

（3）目标

该选项区用于确定外部图块存盘后的文件名、存盘路径以及插入单位等。

7.3　插入块

AutoCAD 允许用户将已定义的块插入到当前的图形文件中。在插入块时，需确定以下几个特征参数，即要插入的块名、插入点的位置、插入的比例因子以及图块的旋转角度。插入块的命令有 INSERT 和 MINSERT。

1．利用 INSERT 命令插入块

使用 INSERT 命令插入块的操作方法如下：

（1）调用命令的方法

调用 INSERT 命令有如下方法：

● 命令：在命令行中输入 INSERT 或 I 并按回车键。

● 按钮：单击"默认"选项卡，在"块"选项板中单击"插入点"按钮。

使用以上任一方法调用该命令后，都将弹出"插入"对话框，如图 7-4 所示。

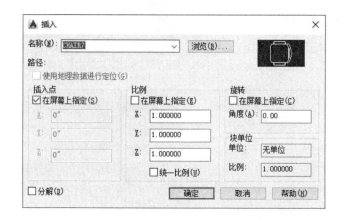

图 7-4　"插入"对话框

（2）选项说明

该对话框中各选项含义如下：

● 名称：该下拉列表框用于选择要插入的图块名称。单击"浏览"按钮，系统将弹出"选择图形文件"对话框，用户可以选择要插入的图形文件。

● 插入点：该选项区用于确定图块的插入点坐标。用户可选中"在屏幕上指定"复选框直接在屏幕绘图区选定图块的插入位置，也可以在相应文本框中输入 X、Y、Z 的坐标值，此时，创建块时定义的基点与插入点的坐标重合。

● 比例：该选项区用于确定图块的插入比例。用户可以选中"在屏幕上指定"复选框直接在屏幕绘图区选定比例，也可以在相应文本框中输入 X、Y、Z 三个方向的比例。而选中"统一比例"复选框表示所插入的图块在 X、Y、Z 三个方向的插入比例相同。

● 旋转：该选项区用于确定图块插入时的旋转角度。用户既可以选中"在屏幕上指定"复选框直接在屏幕绘图区选定旋转角度，也可以在"角度"文本框中输入旋转的角度值，如 0。

● 分解：选中该复选框，表示将插入的图块分解，使之还原成一个个单独的图形对象。

2．利用 MINSERT 命令插入块

该命令能实现按矩形阵列方式插入图块。其操作过程类似于 ARRAY 命令。使用 MINSERT 命令不仅可以节省时间，提高绘图效率，而且可以减少图形文件所占用的磁盘空间。

在命令行中输入 MINSERT 并按回车键，AutoCAD 提示：

> 命令: MINSERT
> 输入块名或 [?] <门>:（输入图块名称）
> 指定插入点或 [比例(S)/X/Y/Z/旋转(R)/预览比例(PS)/PX/PY/PZ/预览旋转(PR)]:（指定插入点）

该提示中各选项含义如下：

（1）指定插入点

该选项为默认项，用户直接确定一点作为图块的插入点。选择该选项，AutoCAD 提示：

> 输入 X 比例因子，指定对角点，或 [角点(C)/XYZ] <1>:（确定图块插入的比例系数）

● 输入 X 比例因子：要求直接输入 X 轴方向的比例系数。选择该选项后，AutoCAD 提示：

> 输入 Y 比例因子或 <使用 X 比例因子>:（确定 Y 轴方向的比例系数）
> 指定旋转角度 <0>:（确定图块插入时的旋转角度）

● 指定对角点：要求输入另外一点。选择该选项，AutoCAD 提示：

> 指定旋转角度 <0>:（确定图块插入时的旋转角度）

● 角点：选择该选项后，AutoCAD 提示：

> 指定对角点：（确定另一个角点，将该角点与插入点构成的矩形的高宽比作为比例系数）
> 指定旋转角度 <0>:（确定图块插入时的旋转角度）

● XYZ：用来确定图块插入时 X、Y、Z 轴方向的缩放比例。选择该选项后，AutoCAD 提示：

> 指定 X 比例因子或 [角点(C)] <1>:（确定 X 轴方向的比例系数）
> 输入 Y 比例因子或 <使用 X 比例因子>:（确定 Y 轴方向的比例系数）
> 指定 Z 比例因子或 <使用 X 比例因子>:（确定 Z 轴方向的比例系数）
> 指定旋转角度 <0>:（确定图块插入时的旋转角度）

（2）比例

用于确定图块的插入比例。选择该选项后，AutoCAD 提示：

> 指定 XYZ 轴比例因子:（确定一个比例系数）
> 系统会将该值作为图块在 X、Y、Z 方向的缩放比例，并提示：
> 指定插入点:（确定插入点）
> 指定旋转角度 <0>:（确定图块插入时的旋转角度）

（3）X

确定 X 轴方向的比例系数。选择该选项后，AutoCAD 提示：

> 指定 X 比例因子:（确定 X 轴方向的比例系数）
> 指定插入点:（确定插入点）

指定旋转角度 <0>:（确定图块插入时的旋转角度）

（4）Y

确定 Y 轴方向的比例系数。选择该选项后，AutoCAD 提示：

指定 Y 比例因子：（确定 Y 轴方向的比例系数）
指定插入点：（确定插入点）
指定旋转角度 <0>:（确定图块插入时的旋转角度）

（5）Z

确定 Z 轴方向的比例系数。选择该选项后，AutoCAD 提示：

指定 Z 比例因子：（确定 Z 轴方向的比例系数）
指定插入点：（确定插入点）
指定旋转角度 <0>:（确定图块插入时的旋转角度）

（6）旋转

确定图块插入时的旋转角度。选择该选项后，AutoCAD 提示：

指定旋转角度：（确定图块插入时的旋转角度）
指定插入点：（确定插入点）
输入 X 比例因子，指定对角点，或 [角点(C)/XYZ] <1>:（确定图块插入的比例系数）

（7）预览比例

确定图块插入之前的预览比例系数。选择该选项后，AutoCAD 提示：

指定预览的 XYZ 轴比例因子：（确定预览比例系数）
指定插入点：（确定插入点）
输入 X 比例因子，指定对角点，或 [角点(C)/XYZ] <1>:（确定图块插入的比例系数）
输入 Y 比例因子或 <使用 X 比例因子>:（确定图块插入的比例系数）
指定旋转角度 <0>:（确定图块插入时的旋转角度）

（8）PX

确定图块在 X 轴方向的预览比例系数。选择该选项后，AutoCAD 提示：

指定预览的 X 比例因子：（确定 X 轴方向的预览比例系数）
指定插入点：（确定插入点）
输入 X 比例因子，指定对角点，或 [角点(C)/XYZ] <1>:（确定图块插入的比例系数）
输入 Y 比例因子或 <使用 X 比例因子>:（确定图块插入的比例系数）
指定旋转角度 <0>:（确定图块插入时的旋转角度）

（9）PY

确定图块在 Y 轴方向的预览比例系数。选择该选项后，AutoCAD 提示：

指定预览的 Y 比例因子：（确定 Y 轴方向的预览比例系数）
指定插入点：（确定插入点）
输入 X 比例因子，指定对角点，或 [角点(C)/XYZ] <1>:（确定图块插入的比例系数）
输入 Y 比例因子或 <使用 X 比例因子>:（确定图块插入的比例系数）
指定旋转角度 <0>:（确定图块插入时的旋转角度）

（10）PZ

确定图块在 Z 轴方向的预览比例系数。选择该选项后，AutoCAD 提示：

指定预览的 Z 比例因子:（确定 Z 轴方向的预览比例系数）
指定插入点:（确定插入点）
输入 X 比例因子，指定对角点，或 [角点(C)/XYZ] <1>:（确定图块插入的比例系数）
输入 Y 比例因子或 <使用 X 比例因子>:（确定图块插入的比例系数）
指定旋转角度 <0>:（确定图块插入时的旋转角度）

（11）预览旋转

确定图块在插入之前的预览旋转效果。选择该选项后，AutoCAD 提示:

指定预览的旋转角度:（确定预览旋转角度）
指定插入点:（确定插入点）
输入 X 比例因子，指定对角点，或 [角点(C)/XYZ] <1>:（确定图块插入的比例系数）
输入 Y 比例因子或 <使用 X 比例因子>:（确定图块插入的比例系数）
指定旋转角度 <0>:（确定图块插入时的旋转角度）

确定了图块的插入点、比例系数和旋转角度后，AutoCAD 会继续给出以下提示:

输入行数 (---) <1>:（输入矩形阵列行数）
输入列数 (|||) <1>:（输入矩形阵列列数）
输入行间距或指定单位单元 (---):（输入行间距或确定单位单元）
指定列间距 (|||):（确定列间距）

需要说明的是，使用 MINSERT 命令插入的图块只能被当作一个整体来处理，而不能应用 EXPLODE 命令分解。

7.4　编辑块

编辑块包括编辑内部块和外部块。下面分别予以介绍。

1．编辑内部块

块作为一个整体可以被复制、移动、删除，但是不能直接对它进行编辑。要想编辑块中的某一部分，首先要将被编辑的块分解成单独实体，再对其进行修改，最后重新定义块。具体操作步骤如下:

（1）在功能区单击"默认"选项卡，在"修改"面板单击"分解"按钮。

（2）在图形中选定要修改的块。

（3）编辑该块。

（4）在功能区单击"默认"选项卡，在"块"面板单击"创建"按钮，弹出"块定义"对话框。

（5）在"块定义"对话框中重定义块。

（6）如果需要选择新的插入基点，可参照 7.2 节的方法进行。

（7）单击"确定"按钮完成修改。

执行结果是使当前图形中所有插入的该块都被修改。

2. 编辑外部块

外部块是一个独立的图形文件，用"打开"命令打开该块文件，修改后保存即可。

7.5 使用块属性

为了能够把文本信息（文字）附着于块定义，使得引用块更方便快捷，AutoCAD 提供了块属性对象。属性从属于块的非图形信息即块中的文本对象，它是块的一个组成部分，与块构成一个整体，但属性又不同于块中的一般文本对象，一个属性包括属性标志和属性值两部分。在定义块前先定义每一个属性，然后把属性附着于块（定义块选择对象时把属性包含到选择集中），再插入已定义的块。在插入块时根据提示，用户可以输入属性定义的值，以方便快捷地使用块。

1. 属性定义

属性定义就是描述属性的特性，包括属性标志、属性提示、属性默认值、文字格式、属性在图中的位置和显示格式（可见或不可见）等。

用户可以调用 ATTDEF 命令来创建属性。AutoCAD 提供了两种方法来调用 ATTDEF 命令：

● 命令：在命令行中输入 ATTDEF 并按回车键。

● 按钮：在功能区"默认"选项卡中单击"块"按钮，在弹出的下拉菜单中单击"定义属性"命令。

使用以上任一方法调用该命令后，AutoCAD 将弹出如图 7-5 所示的"属性定义"对话框。

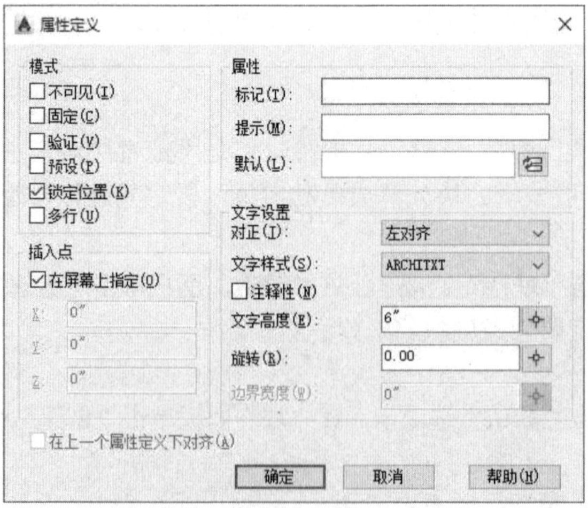

图 7-5 "属性定义"对话框

该对话框中各选项含义如下：

（1）模式

在该选项区中选择属性定义的类型，其中：

● 不可见：选中该复选框，则插入块时该属性不显示。

● 固定：选中该复选框，则指定该属性为常量属性，否则为变量属性。常量属性在插入块时，AutoCAD 不提示输入属性值，该属性值固定不变。

● 验证：该复选框决定属性值输入的检验方式。选中该复选框，则在插入块时，对输入的属性值又重复给出一次提示，让用户校验所输入的属性值是否正确。

● 预设：选中该复选框，则插入块时，AutoCAD 不再提示输入属性值，而是自动地填写默认值。

（2）属性

在该选项区中输入属性定义的数值，包括如下选项：

● 标记：在该文本框中输入属性标记符，输入的文字将出现在图形中。每输入一个标记，就要单击一次"拾取点"按钮，并在标题栏中确定该标记的位置。

● 提示：在该文本框中输入属性的提示信息。

● 默认：在该文本框中输入的信息值为属性定义的默认值。

（3）插入点

在该选项区中确定属性文本排列时的插入基点。

（4）文字设置

在该选项区中设置属性文字的样式。包括如下选项：

● 对正：在该下拉列表框中选择文字对齐的方式。

● 文字样式：在该下拉列表框中选择属性文字的样式。

● 文字高度：在该文本框中输入属性文字的高度。

● 旋转：在该文本框中输入属性文字的旋转角度。

（5）在上一个属性定义下对齐

如果选中该复选框，则所有的后续属性的文字样式都与上一个属性的文字样式完全相同，且与上一个属性对齐。

指定了上述各个选项后，单击"确定"按钮，完成属性定义的操作。定义多个属性时，可以重复以上步骤。

2. 修改属性

当属性定义完成后，每个属性都是独立的对象，用户可以对其进行编辑，以修改属性。

用户可以通过以下两种方法实现修改属性的操作：

● 命令：在命令行中输入 DDEDIT 并按回车键。

● 单击：单击块属性标记。

使用以上任一方法调用 DDEDIT 命令后，AutoCAD 提示：

```
命令: DDEDIT
选择注释对象或 [放弃(U)]:
```

在该提示下选择属性定义标记后，AutoCAD 将弹出"编辑属性定义"对话框，如图 7-6 所示。利用该对话框，用户即可更改属性定义的标记、提示和默认值。

图 7-6 "编辑属性定义"对话框

3. 引用块属性

引用块属性与"插入块"命令相同。调用"插入"命令可弹出"插入"对话框,在该对话框中选择要插入的块名或单击"浏览"按钮选择块文件,在"插入点"选项区中选中"在屏幕上指定"复选框,其他设置为默认,如图 7-7 所示。单击"确定"按钮关闭该对话框,最后再用鼠标指针在绘图窗口中选择插入点即可。

图 7-7 "插入"对话框

此外除在"插入"对话框中选择要插入的块名或单击"浏览"按钮选择块文件之外,在"插入点"选项区的 X、Y、Z 文本框中直接输入坐标值,然后单击"确定"按钮也可实现引用块属性操作。引用块属性效果如图 7-8 所示。

麓山学校		工程名称	居民楼	比例	1: 100
专业	工民建			图号	001
班级	156	标准层平面图		指导教师	王老师
制图	张山			成绩	优

图 7-8 引用块属性效果图

4．块属性管理器

在 AutoCAD 2015 中，可以通过"块属性管理器"对话框对块属性进行管理，如移动属性的位置和删除属性等。

用户可以通过以下两种方法调用该对话框：

● 命令：在命令提示行中输入 BATTMAN 并按【Enter】键确认。

● 按钮：单击"插入"选项卡，在"块定义"选项板中单击"管理属性"按钮。

执行以上任意一种操作，都将弹出"块属性管理器"对话框，可在其中管理块的属性，如图 7-9 所示。

图 7-9 "块属性管理器"对话框

在"块属性管理器"对话框中单击"编辑"按钮，将弹出"编辑属性"对话框，在该对话框中可以重新设置属性定义的构成、文字特性和图形特性等，如图 7-10 所示。

在"块属性管理器"对话框中单击"设置"按钮，将弹出"块属性设置"对话框，在该对话框中可以设置在"块属性管理器"对话框的属性列表框中显示的内容项，如图 7-11 所示。

图 7-10 "编辑属性"对话框

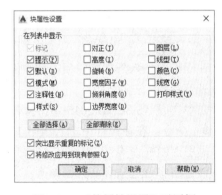

图 7-11 "块属性设置"对话框

7.6 使用外部参照

外部参照是指在一幅图形中对另一幅外部图形的引用，它与块的主要区别是：一旦插入了某块，这个块就永久性地插入到当前的图形中，而外部参照图形并不被直接插入到当前图形文件中，它只是与当前图形文件建立了一种联系，这就有效地减少了容量和绘图重显时间。当一个含有外部参照的图形文件被打开时，它会调用当前最新的参照文件。例如，在建筑工程设计中，结构工程师依据建筑施工图进行结构设计，设备工程师依据建筑施工图进行设备设计，建筑施工图是结构、设备施工图的外部参照。当建筑工程师修改了建筑施工图以后，结构、设备工程师就会调用当前最新的建筑施工图进行设计，从而使结构施工图、设备施工图始终与建筑施工图保持一致。

1．创建外部参照

可以根据需要创建任意多个具有不同位置、缩放比例和旋转角度的外部参照。创建外部参照有如下方法：

● 命令：在命令行中输入 XATTACH 或 XA 并按回车键。

● 按钮：在功能区单击"插入"选项卡，在"参照"选项板中单击"附着"按钮。

使用以上任一方法调用 XATTACH 命令后，AutoCAD 都将弹出"选择参照文件"对话框，从中选择参照文件，单击"打开"按钮，系统将弹出"外部参照"对话框，如图 7-12 所示。

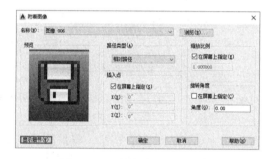

图 7-12　"外部参照"对话框

2．管理外部参照

在图形中加入外部参照后，用户还可根据需要，利用"外部参照"窗格来删除、更新或卸载外部参照。

在中文版 AutoCAD 2015 中，打开"外部参照"窗格有如下方法：

● 命令：在命令行中输入 XREF 或 XR 并按回车键。

调用 XREF 命令后，AutoCAD 将弹出"外部参照"窗格，如图 7-13 所示。

该窗格中各选项含义分别如下：

● 附着：单击按钮 可添加不同格式的外部参照文件。

当附着多个外部参照时，在"文件参照"列表框中的外部参照名称上，单击鼠标右键，将弹出一个快捷菜单，在其中可以对该外部参照进行打开、附着、卸载和重载等操作。

图 7-13　"外部参照"窗格

习题与上机操作

一．填空题

1．在插入块时，需确定_____、_____、_____和_____几个特征参数。

2．使用_____命令可以实现按矩形阵列方式插入图块。

3．定义属性就是描述属性的特性，包括_____、_____、_____、_____、_____和_____等。

4．外部参照是指在一幅图形中对_____的引用。

5．在图形中加入外部参照后，用户还可以根据需要利用_____窗格，删除、更新或卸载外部参照。

二．思考题

1．如何定义内部块和外部块？

2．如何将已定义的块插入到当前的图形文件中？

3．如何定义块属性？

4．如何编辑块属性？

5．外部参照与块的区别是什么？

三．上机操作

1．按照如图 7-14 所示的尺寸先绘制一扇门，然后将其定义为外部块。

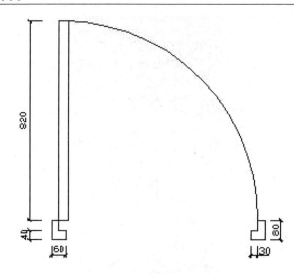

图 7-14 绘制并定义为外部块

2. 创建一个如图 7-15 所示的带有块属性标题栏的 A3-H 图框。

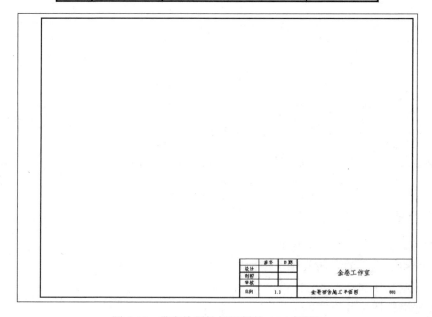

图 7-15 带有块属性标题栏的 A3-H 图框

第 8 章　绘制三维图形

通过本章的学习，读者应掌握三维绘图基础知识及创建线框模型、创建表面模型、创建实体模型、编辑三维实体等操作。

学习重点和难点

- 设置视点
- 设置三维坐标系
- 创建旋转、平移曲面
- 设置厚度创建三维模型

- 创建旋转和拉伸实体模型
- 对实体进行布尔运算
- 旋转、镜像、对齐三维实体
- 剖切实体

8.1　掌握三维绘图基础知识

在绘制三维图形时，用户首先需要了解几个非常重要的概念，如视点、三维坐标系、三维坐标等。其次，还应了解一些三维绘图的基础知识，如视点设置、三维视图调整等。

8.1.1　三维建模工作空间

AutoCAD2015 三维建模空间是一个三维立体空间，其界面与草图与注释空间相似，在此空间中可以在任意位置构建三维模型，三维建模功能区的选项卡有："常用""网络建模""渲染""插入""注释""视图""管理""输出"，每个选项卡下都有与之对应的内容。由于此空间侧重的是实体建模，所以功能区中还提供了"三维建模""视觉样式""光源""材质""渲染""导航"等面板，这些都为创建，观察三维图形，以及对附着材质、创建动画、设置光源等操作，提供了非常便利的环境。

进入三维模型空间的执行方法如下。

● 快捷方式：启动 AutoCAD2015，单击打开默认工作界面上的"工作空间"下拉列表，在下拉列表中选择"三维建模"工作空间。

8.1.2　三维绘图的基本术语

用户在创建三维模型前，应首先了解下面的一些术语，其示意图如图 8-1 所示。

● 视点：视点是指用户观察图形的方向。假定用户绘制一个正方体，如果用户当前位于平面坐标系，即 Z 轴垂直于平面坐标系，则此时仅能看到正方体在 XY 平面上的投影。如果调整视点至当前坐标系的左上方，则可看到一个正方体，如图 8-2 所示。实际上，视点和用户绘制的图形对象之间没有任何关系，即使用户绘制的是一幅平面图形，用户也可进行视点设置，但这样做没有任何意义。

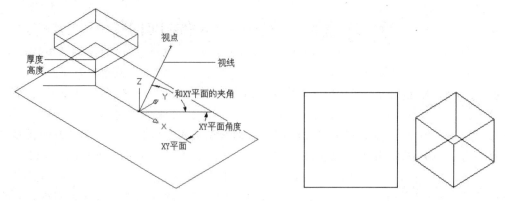

图 8-1　三维绘图术语示意图　　　　图 8-2　视点改变效果

- XY 平面：它是 X 轴垂直于 Y 轴组成的一个平面，此时 Z 轴的坐标是 0。
- Z 轴：Z 轴是一个三维坐标系的第三轴，它总是垂直于 XY 平面。
- 高度：主要是 Z 轴上的坐标值。
- 厚度：主要是 Z 轴的长度。
- 相机位置：在观察三维模型时，相机的位置相当于视点。
- 目标点：当用户眼睛通过照相机看某物体时，目光聚焦在一个清晰点上，该点就是所谓的目标点。
- 视线：假想的线，它是将视点和目标点连接起来的线。
- 和 XY 平面的夹角：即视线与其在 XY 平面上的投影线之间的夹角。
- XY 平面角度：即视线在 XY 平面上的投影线与 X 轴之间的夹角。

8.1.3　为当前视口设置视点

在 AutoCAD 中，用户可以通过使用视点预设、视点命令等多种方法来设置视点。

1．使用"视点预设"对话框设置视点

在中文版 AutoCAD 2015 中，用户可以使用如图 8-3 所示的"视点预设"对话框形象直观地设置视点。

打开该对话框有如下方法：

- 命令：在命令行中输入 DDVPOINT（VP）并按回车键。

如前所述，用户定义视点时需要两个角度：一个为 XY 平面上的角度，另一个为与 XY 平面的夹角。这两个角度组合决定了观察者相对于目标点的位置。

"视点预设"对话框中左边的图形代表视线在 XY 平面上的角度，右边的图形代表视线与 XY 平面的夹角。用户也可通过该对话框中间的两个文本框，直接定义这两个参数，其初始值反映了当前视线的设置。如果单击"设置为平面视

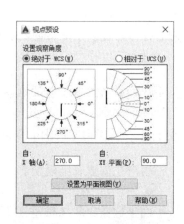

图 8-3　"视点预设"对话框

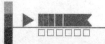

图"按钮，则系统将相对于选定坐标系产生平面视图。

对话框各选项功能如下：

● "绝对于 WCS"与"相对于 UCS"：即指定一个基准坐标系，作为设置观察方向的参照。单击"绝对于世界坐标系"按钮，可以相对于 WCS 设置查看方向，而不受当前 UCS 的影响；单击"相对于用户坐标系"按钮，可以相对于当前 UCS 设置查看方向。

● "与 X 轴的角度"与"与 XY 平面的角度"：指定观察方向在基准 UCS 中与 X 轴的角度（即设置视点和相应坐标系原点连线在 XY 平面内与 X 轴的夹角）；指定 XY 平面的角度（即设置视点和相应坐标系原点连线与 XY 平面的夹角）。

● 设置为平面视图：设置查看角度以相对于选定坐标系显示的平面视图（XY 平面）。默认情况下，两个角度值都是相对于 WCS 坐标系的，如果想要相对于 UCS 坐标系定义角度，必须在"视点预设"对话框的顶端选中"相对于 UCS"单选按钮，图 8-4 为调整视点后的效果。

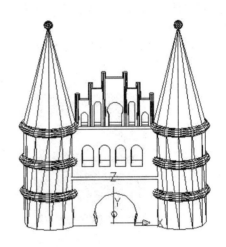

图 8-4　移动罗盘上的拾取点来调整视点后的效果

2．基本视图

AutoCAD 定义了六个基本视图和四个等轴测图供用户使用。用户可单击"视图"工具栏相对应的按钮来选择需要的视图，如图 8-5 所示。表 8-1 列出了这些视图所对应的参数设置。

图 8-5　"视图"工具栏

表 8-1　基本视图及其参数设置

视　图	方向矢量	在 XY 平面上的角度	与 XY 平面的夹角
俯视图	0，0，1	270°	90°
仰视图	0，0，−1	270°	−90°

表 8-1 基本视图及其参数设置（续）

左视图	−1，0，0	180°	0°
右视图	1，0，0	0°	0°
前视图	0，−1，0	270°	0°
后视图	0，1，0	90°	0°
西南等轴测图	−1，−1，−1	225°	45°
东南等轴测图	1，−1，1	315°	45°
东北等轴测图	1，1，1	45°	45°
西北等轴测图	−1，1，1	135°	45°

8.1.4 利用 ViewCube 工具切换视图

ViewCube 工具是二维建模空间或三维视觉样式中，处理图形时显示的导航工具，如图 8-6 所示。

东北等轴侧

俯视

图 8-6 ViewCube 工具

ViewCube 工具是一种可单击、可拖拽的常驻界面，用户可以用它在模型的标准视图和等轴侧视图之间转换。

ViewCube 工具打开以后，以不活动状态和活动状态显示在窗口的一角（默认显示在右上角）。

单击"ViewCube"工具的预定义区域或者拖拽工具，界面图形就会自动转换到相应的方向视图。单击 ViewCube 工具旁边的两个弯箭头按钮，可以绕视图中心将当前视图顺时针或逆时针旋转 90°。

8.1.5 充分运用多视口

用户为了更好地观察和编辑三维图形，可能经常需要在某些视图之间来回切换。尽管命名视图能在一定程度上方便这种切换，但是，如果设置绘图区域为多个视口，每个视口使用不同的模型视图则更灵活，如图 8-7 所示。

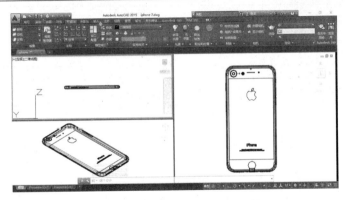

图 8-7　利用多视口观察视图

8.1.6　消隐三维图形

AutoCAD 总是用线框来显示三维模型的，即使该模型是表面或实体模型。这样，在实际的形体上应被遮挡住的某一条线，系统也会将其显示出来，从而影响了三维模型的视觉效果。因此，为使三维模型更具真实感，用户在完成三维形体的建筑模型后，可以运用"消隐"命令消去被隐藏的线或面，从而增强形体的模拟效果。

1．调用命令的方法

调用"消隐命令"有如下方法：
- 命令：在命令行中输入 HIDE 或 HI 并按回车键。
- 按钮：在功能区"可视化"选项卡中，单击"视觉样式"面板中的"隐藏"按钮📦。

2．命令提示

> 命令: HIDE
> 正在重生成模型。

此时，用户不需要进行目标选择，AutoCAD 将自动对当前视区中的所有实体进行消隐，而后屏幕上显示的将是消隐后的图形。图 8-8 所示为消隐前后的效果比较。

消隐命令将圆、二维填充、宽线、面域、宽多段线、三维面、多边形网格和非零厚度对象的拉伸边认为是不透明的表面，将隐藏这些对象。如果进行了拉伸操作，那么圆、二维填充、宽线和宽多段线将被当作是具有顶面和底面的实体对象。

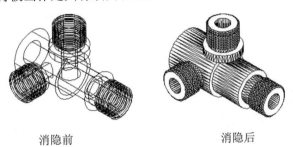

消隐前　　　　　　　　　　　消隐后

图 8-8　消隐前后的效果比较

专家指点

> 消隐操作会影响当前视图中的所有图形，但被冻结或关闭图层上的对象以及其他视图中的图形对象均不受消隐的影响。消隐实体实际上是将实体模型重新生成并在屏幕上显示出来，因此，运用"重生成"命令可以将消隐后的实体模型恢复到消隐前的线框显示状态。

8.1.7 使用三维动态观察器

在各种三维视图调整手段中，三维动态观察器最方便、最直观且功能最强大。通过该观察器，用户可用定点设备操纵视图，既可查看整个图形，也可以从视图四周的不同点查看视图中的任意对象。

在中文版 AutoCAD 2015 中，调用 3DORBIT 命令激活三维动态观察器的方法有如下几种：
- 命令：在命令行中输入 3DORBIT 或 3DO 并按回车键。
- 按钮：在功能区单击"视图"选项卡，在"导航"面板中的"动态观察"下拉菜单中单击"自由动态观察"按钮 。

使用以上任一方法调用 3DORBIT 命令激活三维动态观察器后，系统将显示一个弧线球。弧线球是一个被四个小圆划分成四个象限的大圆。弧线球的中心为目标点。在使用三维动态观察器观察三维对象时，目标点被固定，而相机的位置绕对象移动，如图 8-9 所示。使用三维动态观察器可以观察整个视图，也可用来观察选定的特定对象。

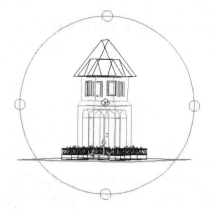

图 8-9 使用"动态观察"命令观察三维对象

当用户在屏幕上移动鼠标指针时，鼠标指针形状将依据鼠标指针与弧线球的相对位置而改变，用以指示视图旋转的方向。各种鼠标指针形状的含义如下：
- ⊙：表示鼠标指针移出弧线球。这时单击鼠标左键并且拖动鼠标，可使视图绕一个通过弧线球中心且垂直于屏幕的轴旋转。
- ⟳：表示鼠标指针移进弧线球。这时用户可以通过单击鼠标左键并且拖动鼠标，使对象在各个方向上转动。
- ⊖：表示鼠标指针移进弧线球左边或右边的小圆内。这时单击鼠标左键并且拖曳鼠标，可绕通过弧线球中心的 Y 轴旋转视图。
- ⊖：表示鼠标指针移进弧线球上边或下边的小圆内。这时单击鼠标左键并且拖曳鼠标，可绕通过弧线球中心的 Z 轴旋转视图。

　　在三维动态观察器中单击鼠标右键，系统将弹出一个快捷菜单，如图 8-10 所示。选择这些菜单选项，用户可在三维动态观察器中对对象进行平移、缩放、投影、着色等操作；使用视觉辅助工具，可以在三维动态观察器中打开、关闭及调整剪裁平面。

图 8-10　快捷菜单

8.1.8　设置三维坐标系

　　进行三维绘图时，必须了解的另一个重要内容是三维坐标系的设置方法。在 AutoCAD 中，用户可通过 UCS 命令灵活调整 UCS 的设置。例如，假定此时 X 轴平行于屏幕底边，利用 UCS 命令的 X 选项可将当前坐标系沿 X 轴旋转 90°，则此时 Y 轴将垂直于屏幕，而 XZ 平面将平行于屏幕。

　　理解坐标系的设置非常重要，因为用户在绘制所有图形对象时，其高度和厚度设置均是相对于 Z 轴的，而且通过鼠标指针移动绘制的所有二维图形对象均位于 XY 平面（其高度为 0 即 Z 轴坐标等于 0）。因此，要想较好地理解和绘制三维图形，必须具备良好的空间思维能力。

1．控制 UCS 图标

　　用户在 3D 空间中仍可使用 UCSICON 命令关闭、打开图标，以及确定是否在当前坐标系的原点处显示图标。

　　这里特别提醒用户注意，在设置 UCS 时一定要确认 UCSFOLLOW 变量的值为 0（默认值）。如果其值为 1，当 UCS 被改变时，系统将自动改变视图到新 UCS 的平面视图。用户可以单独为每一视口设置 UCSFOLLOW 值。

　　通过前面的例子用户可能已经看到，当改变视点时，UCS 图标的形状将同时改变，以大致反映当前坐标系的设置情况。如果当前坐标系不可见，则坐标系图标将用一只断开的铅笔图形代替。

2．使用 UCS 命令设置坐标系

　　在绘制三维图形时，用户需要经常变换坐标系，而用于变换坐标系的命令是 UCS。下面

就来介绍 UCS 命令的一些主要选项的含义。

● 利用 O 选项改变坐标系原点

在 3D 空间中，用户利用 UCS 的 O 选项可在任意位置设置坐标系原点。该坐标系将平行于原 UCS 坐标系，且 X、Y、Z 轴的方向不变。因此，可用该选项在任何高度建立坐标系。

● 利用 ZA 选项修改 Z 轴方向

UCS 命令的 ZA 选项能使用户通过定义 Z 轴的正向，设置当前 XY 平面。此时需要选择两点：第一点用于确定新坐标系的原点，第二点用于确定 Z 轴的正向。XY 平面垂直于新的 Z 轴。

● 利用"三点"选项修改坐标系原点和 XY 平面

该选项允许用户在 3D 空间的任意位置定义坐标系原点，且可在 3D 空间的任意方向建立当前 XY 平面。下面举例说明该选项的用法，其步骤如下：

（1）在命令行中输入 UCS，调用 UCS 命令。

（2）输入 3 并按回车键，表示利用三点确定坐标系。

（3）在状态栏中单击"对象捕捉"按钮，打开中心捕捉，选择圆锥底面边缘任意一点（拾取 A）以选择圆，系统即以其圆心作为新坐标系原点。

（4）在命令行中输入 QUA，选择象限捕捉拾取 B 点，指定 X 轴正向。

（5）在命令行中输入 QUA，选择象限捕捉拾取 C 点，指定 Y 轴正向。

（6）在命令行中输入 UCSICON，调整 UCS 图标显示。

（7）在命令行中输入 OR，使坐标系图标出现在坐标系原点，按回车键结束坐标系及坐标系图标设置，结果如图 8-11 所示。

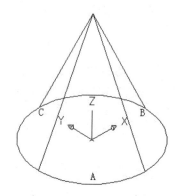

图 8-11　利用三点选项调整 UCS

● 使用 OB 选项根据选定对象调整 UCS

该选项允许用户快速简单地建立当前的 UCS 坐标系，以便被选择对象位于新的 XY 平面，X 和 Y 轴的方向取决于用户所选对象的类型。

3．使用 UCS 对话框设置 UCS

在大多数情况下，用户使用的都是比较规则的坐标系。因此，系统为用户提供了一个 DDUCSP 命令，利用该命令可以选择一些比较规范的坐标系。

在中文版 AutoCAD 2015 中，用户可通过如下一种方法调用 DDUCSP 命令：

● 命令：在命令行中输入 DDUCSP 并按回车键。

AutoCAD 将弹出 UCS 对话框，如图 8-12 所示。

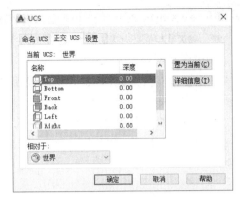

图 8-12　UCS 对话框

在该对话框的"正交 UCS"选项卡中显示了正交 UCS 名称列表，列出了当前视图中的六个正交坐标系。正交坐标系是相对"相对于"下拉列表框中指定的坐标系进行定义的。"深度"列列出了正交坐标系与通过基准 UCS 原点的平行平面之间的距离。用户可在 UCS 名称列表中选择一个正交坐标系，然后单击"置为当前"按钮将它作为当前使用的坐标系；也可以在列表中双击某个坐标系名，将此坐标系置为当前坐标系；或在相应的坐标系名上单击鼠标右键，在弹出的快捷菜单中选择"置为当前"选项。

要查看坐标系的详细列表，可以在选中该坐标系名后单击"详细信息"按钮。用户也可以在某个选定坐标系的名称上单击鼠标右键，在弹出的快捷菜单中选择"详细信息"选项，查看此坐标系的详细信息。

"相对于"下拉列表框用于指定基础坐标系，选择的正交坐标系是相对于此处的基础坐标系而言的。默认情况下，基础坐标系是 WCS。其下拉列表中将显示当前图形中的所有已经命名的 UCS。

UCS 对话框的"命名 UCS"选项卡列出了所有用户坐标系，用户可用该选项卡设置当前的 UCS、命名 UCS 或删除命名 UCS（利用单击鼠标右键弹出的快捷菜单）；"设置"选项卡用来显示和修改与视口一起保存的 UCS 图标设置和 UCS 设置。

4．使用柱坐标和球坐标定义点

前面向读者介绍过，用户在绘制平面图形时可用直角坐标或极坐标的方法（其中又分为相对坐标和绝对坐标）来定义点。在绘制三维图形时，用户仍可使用上述方法来定义点（即不指定 Z 值），但此时的 Z 坐标实际上采用的是用户设置的默认高度值。

用户在绘制三维图形时除可直接使用（X，Y，Z）形式外，还可使用柱坐标和球坐标来定义点。

（1）柱坐标

柱坐标系用 XYZ 距离、XY 平面角度和 Z 坐标来表示，如图 8-13 所示。其格式如下：

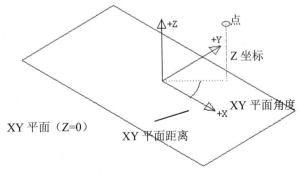

图 8-13　柱坐标系

- XYZ 距离<XY 平面角度<和 XY 平面的夹角（绝对坐标）。
- @XYZ 距离 <XY 平面角度<和 XY 平面的夹角（相对坐标）。

（2）球坐标

球坐标系具有点到原点的距离、XY 平面角度和与 XY 平面的夹角三个参数，如图 8-14 所示。其格式如下：

- XYZ 距离<XY 平面角度<和 XY 平面的夹角（绝对坐标）。
- @XYZ 距离 <XY 平面角度<和 XY 平面的夹角（相对坐标）。

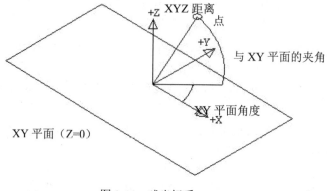

图 8-14　球坐标系

8.2　创建表面模型

表面模型不仅含有三维对象的边界，而且还含有它的表面特征，绘制的表面图比线框图要更精细。AutoCAD 的表面模型实际上用的是三维多边形网格，本身是平面化的，用平面镶嵌面来模拟对象的曲面。网格的密度（镶嵌面的数目）由 M 乘 N 顶点的矩形阵列来确定（M 和 N 分别为给定顶点指定列和行的位置），而这些小平面数目越多，组合起来越近似曲面。

8.2.1　创建三维曲面

在中文版 AutoCAD 2015 中，预定义了一系列三维曲面对象。在命令行中输入 3D 并按回车键，AutoCAD 提示：

```
命令: 3D↙
正在初始化...  已加载三维对象。
输入选项[长方体表面(B)/圆锥面(C)/下半球面(DI)/上半球面(DO)/网格(M)/棱锥体(P)/球面(S)/圆环面(T)/楔体表面(W)]:
```

该提示中各选项含义如下：

- 长方体表面：创建长方体表面网格。
- 圆锥面：创建圆锥或圆台形表面网格。
- 下半球面：创建圆盘形表面网格，实际上就是球的下半部分。
- 上半球面：创建圆顶形表面网格，实际上就是球的上半部分。
- 网格：创建 3D 网格，用户在指定网格的四个顶点时，需要按顺时针或逆时针方向顺序选取，系统将按用户指定的行和列生成网格。
- 棱锥体：创建棱锥或棱台形表面网格。
- 球面：创建球形表面网格。
- 圆环面：创建圆环形表面网格。
- 楔体表面：创建楔形表面网格。

用户在选择了一个选项后，系统会提示用户输入相应的绘图参数，这里不再一一介绍，有兴趣的读者可以自己试一试。

8.2.2 创建三维网格

使用 3DMESH 命令，AutoCAD 可根据用户指定的 M 行 N 列个顶点和每一顶点的位置生成三维空间的多边形网格。

1．调用命令的方法

调用"三维网格命令"有如下方法：
- 命令：在命令行中输入 3DMESH 并按回车键。

2．命令提示

命令: 3DMESH✓
输入 M 方向上的网格数量:（输入 M 方向的网格面顶点数）
输入 N 方向上的网格数量:（输入 N 方向的网格面顶点数）
指定顶点 (0,0) 的位置:（指定第一行、第一列的顶点）
指定顶点 (0,1) 的位置:（指定第一行、第二列的顶点）
……
指定第（M-1，N-1）的位置:（指定第 M 行、第 N 列的顶点）

按提示执行操作后，AutoCAD 将按用户给定的 M×N 个顶点和网格中每个顶点的位置生成三维空间的多边形网格面。

AutoCAD 使用矩形阵列来定义多边形网格，其大小由 M 向和 N 向网格数决定，M×N 所得值即为顶点的数量，在这两个方向上的网格数量为 2～256。

8.2.3 创建三维面

在创建三维模型时，有时需要创建一些实体填充面用于消隐与着色，这就是三维面。三维面是用三个或四个点所定义的平面来表示的一个曲面。

1．调用命令的方法

调用"三维面命令"有如下方法：
- 命令：在命令行中输入 3DFACE 并按回车键。

2．命令提示

命令: 3DFACE✓
指定第一点或 [不可见(I)]:（指定三维面上的第一点）
指定第二点或 [不可见(I)]:（指定三维面上的第二点）

指定第三点或 [不可见(I)] <退出>:（指定三维面上的第三点或按回车键结束命令）

指定第四点或 [不可见(I)] <创建三侧面>:（指定三维面上的第四点，绘制由 4 条边构成的面，或按回车键绘制由 3 条边构成的面）

指定第三点或 [不可见(I)] <退出>:（指定三维面上的第三点或按回车键结束命令）

指定第四点或[不可见(I)] <退出>:（指定三维面上的第四点，绘制由 4 条边构成的面，或按回车键绘制由 3 条边构成的面）

……

3. 选项说明

命令提示中各选项含义如下

● 不可见：用来控制当前所创建三维平面边界的可见性，"退出"选项可以结束命令的执行。

● 在第一次指定四个点后，AutoCAD 自动将最后两个点作为下一个三维平面的第一、第二顶点，这样才会继续出现提示信息，要求用户输入下一个三维平面的第三、四个顶点的坐标值。

8.2.4 创建旋转网格

在中文版 AutoCAD 2015 中，旋转网格是指一条轨迹线绕一根指定的轴旋转生成的空间曲面。绘制旋转网格的命令为 REVSURF，该命令可用来创建具有旋转体表面的空间形体，如酒杯、茶壶、花瓶、灯罩、灯笼等。图 8-15 所示的图形就是一个旋转网格。

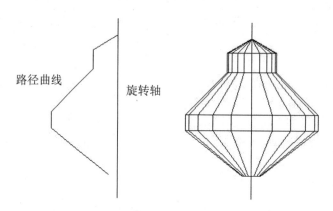

图 8-15 旋转网格

1. 调用命令的方法

调用"旋转网格命令"有如下方法：

● 命令：在命令行中输入 REVSURF 并按回车键。

● 按钮：在功能区单击"常用"选项卡，在"建模"面板中单击"拉伸"按钮，在下拉菜单中单击"旋转" 。

2. 命令提示

命令: REVSURF↙
当前线框密度: SURFTAB1=6　 SURFTAB2=6
选择要旋转的对象:（选择旋转对象）
选择定义旋转轴的对象:（选择旋转轴线）
指定起点角度 <0>:（指定旋转路径曲线的起始角度）
指定包含角（＋=逆时针，－=顺时针) <360>:（输入旋转曲面的包含角。其中"＋"将沿逆时针方向旋转，"－"沿顺时针方向旋转，默认值为 360°）

专家指点

　　创建旋转网格之前，必须先绘制出旋转轨迹线和旋转轴线。旋转轨迹线可以是直线、圆、圆弧、样条曲线、二维或三维多段线；旋转轴线则可以是直线或非封闭的多段线。
　　起始角为轨迹线开始旋转时的角度；旋转角度表示轨迹线旋转的角度，如果用户输入的角度为正，则按逆时针方向构造旋转曲面，否则按顺时针方向构造旋转曲面。
　　由于现实生活中很多机械产品和日常用品都是旋转体，所以旋转曲面在实际三维建模中用得较多。

8.2.5　创建平移网格

　　使用 TABSURF 命令，可以沿给定对象（方向矢量）的拉伸路径曲线（轨迹线）生成曲面。和 REVSURF 命令一样，路径曲线可以是直线、圆、圆弧、椭圆、椭圆弧、多段线、二维或三维样条曲线等，方向矢量可以是直线、二维或三维多段线，它确定了拉伸方向及距离。

专家指点

　　若方向矢量是多段线，则拉伸线实际上是连接多段线始末点的假想线。拉伸方向为从距离拾取点最近的端点指向另一端点，拉伸距离等于方向矢量长度。该命令的其他特点与 REVSURF 命令相同。

1．调用命令的方法

调用"平移网格命令"有如下方法：

● 命令：在命令行中输入 TABSURF 并按回车键。
● 按钮：单击"网络"选项卡，在"图元"面板中单击"平移曲面"按钮 。

2．命令提示

命令: TABSURF↙
当前线框密度: SURFTAB1=40
选择用作轮廓曲线的对象:（选择轨迹线）
选择用作方向矢量的对象:（选择方向矢量作为轨迹的伸展方向）

按提示执行操作后，AutoCAD 即可绘制出平移网格。
现实生活中很多造型都可以采用平移网格来构造，如图 8-16 所示的造型就是采用平移网格的方法构造的。

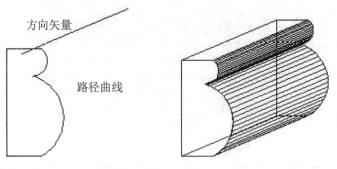

方向矢量

路径曲线

图 8-16 构造平移网格

专家指点

> 实际上，TABSURF 命令构造的是一个多边形网格，网格的 M 方向沿着方向矢量的方向并且等分数一直为 2，N 方向沿着路径曲线的方向，并且系统变量 SURFTAB1 控制沿多边形网格 N 方向的等分数。

8.2.6 创建直纹网格

直纹网格是以选择的两个对象作为边界生成的曲面。绘制直纹网格的命令是 RULESURF。

1．调用命令的方法

调用"直纹网格"命令有如下方法：
● 命令：在命令行中输入 RULESURF 并按回车键。
● 按钮：单击"网络"选项卡，在"图元"面板中单击"直纹曲面"按钮。

2．命令提示

命令: RULESURF↙
当前线框密度: SURFTAB1=6
选择第一条定义曲线：(选择第一条曲线)
选择第二条定义曲线：(选择第二条曲线)

按提示执行操作后，AutoCAD 即可绘制出直纹网格，如图 8-17 所示。

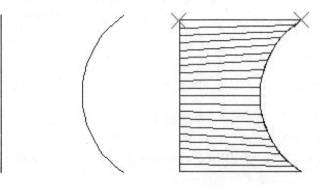
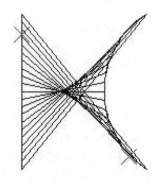

图 8-17 直纹网格

专家指点

> 　　用户应事先绘制出用于生成直纹网格的两条曲线。这些曲线可以是直线段、点、圆、圆弧、样条曲线、二维多段线或三维多段线等对象。
> 　　如果一条曲线是封闭曲线，另一条曲线也必须是封闭曲线或一个点。
> 　　如果曲线非闭合，直纹网格总是从曲线上离拾取点较近的一端画出。因此用同样的两条曲线绘制直纹网格时，确定曲线时的拾取位置不同，得到的曲面也不同，如图 8-17 所示。
> 　　SURFTAB1 和 SURFTAB2 系统变量控制沿多边形网格的 M 方向和 N 方向上的分段数。生成的直纹曲面以 2×N 多边形网格的形式构造，等分数目由 SURFTAB1 系统变量决定。RULESURF 对每条曲线都是这样处理的。因此如果两条曲线的长度不同，那么这两条曲线上顶点间的距离也不同。

8.2.7　创建边界网格

边界网格是指以四条空间直线或曲线为边界创建得到的空间曲面。绘制边界网格的命令是 EDGESURF。

1．调用命令的方法

调用"边界网格"命令有如下方法：

- 命令：在命令行中输入 EDGESURF 并按回车键。
- 按钮：在功能区单击"网络"选项卡，在"图元"面板中单击"边界曲面"按钮 。

2．命令提示

命令: EDGESURF↙
当前线框密度: SURFTAB1=6　SURFTAB2=6
选择用作曲面边界的对象 1:（选择曲面的第一条边）
选择用作曲面边界的对象 2:（选择曲面的第二条边）
选择用作曲面边界的对象 3:（选择曲面的第三条边）
选择用作曲面边界的对象 4:（选择曲面的第四条边）

按提示依次选择用做曲面边界的对象后，AutoCAD 即可绘制出边界网格。

图 8-18 所示为一个由四条相同的圆弧创建的边界网格。

图 8-18　边界网格

专家指点

> 用户必须事先绘制出用于绘制边界网格的四个对象，这些对象可以是直线、圆弧、样条曲线、二维多段线、三维多段线等。
> 用于生成网格的四条边必须首尾相连形成一个封闭图形。
> 每条边选择的顺序不同，生成的曲面形状也不同。
> 用户选择的第一个对象所在方向为多边形网格的 M 方向，它的邻边方向为网格的 N 方向。系统变量 SURFTAB1 和 SURFTAB2 分别控制 M、N 方向的网格数。

8.2.8 设置厚度创建三维模型

使用 THICKNESS 命令可以设置对象厚度创建三维模型。在命令行中输入 THICKNESS 并按回车键，AutoCAD 提示：

命令: THICKNESS✓
输入 THICKNESS 的新值 <0.0000>:（输入新的厚度值，并按回车键结束命令）

对象的厚度可正可负，厚度为正时表示沿 Z 轴正方向拉伸，厚度为负时表示沿 Z 轴负方向拉伸，厚度为零时表示不拉伸。厚度可以改变直线、多段线、圆、圆弧等对象的外观。设置了对象的厚度之后，可以在除平面视图以外的任何视图上查看其效果，如图 8-19 所示。

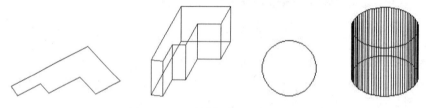

图 8-19 设置厚度前后对象的对比

8.3 创建实体模型

实体模型具有线框模型和表面模型所没有的特征，其内部是实心的，所以用户可以对它进行各种编辑操作，如穿孔、切割、倒角和布尔运算，也可以分析其质量、体积、重心等物理特性。实体模型能为一些工程应用，如数控加工、有限元分析等提供数据。AutoCAD 中实体模型通常也以线框模型或表面模型的方式进行显示，除非用户对它进行消隐、着色或渲染处理。

创建实体模型的方法归纳起来主要有两种：一种是利用系统提供的基本实体创建对象来生成实体模型；另一种是由二维平面图形通过拉伸、旋转等方式生成三维实体模型。前者只能创建一些基本实体，如长方体、球体、圆柱体、圆锥体等；而后者则可以创建出许多形状复杂的三维实体模型，是三维实体建模中一种非常有效的手段。

8.3.1 创建长方体模型

长方体是最基本的实体对象，有六个矩形面，它们相互垂直或平行。利用"长方体"（BOX）

命令可以绘制长方体，其基面在默认情况下平行于当前的 UCS 坐标系。

1．调用创建长方体命令的方法

调用"长方体"命令有如下方法：

- 命令：在命令行中输入 BOX 并按回车键。
- 按钮：在功能区单击"常用"选项卡，在"建模"面板中单击"长方体"按钮。

2．创建长方体

命令: BOX↙
指定第一个角点或 [中心(C)]: （指定长方体的角点或中心点）

3．选项说明

命令提示中各选项含义如下：

（1）指定长方体的角点：根据长方体的角点位置创建长方体。在当前提示下直接指定一点，AutoCAD 命令行提示如下：

指定其他角点或 [立方体(C)/长度(L)]:

该提示中各选项含义如下：

- 指定其他角点：根据两个指定的角点位置创建长方体。
- 立方体：通过输入边长创建立方体。
- 长度：通过输入长、宽和高来创建长方体。

（2）中心点：根据与当前 UCS 的 XOY 平面平行且距该坐标面最近的长方体面的中心点位置来创建长方体。选择该选项后，AutoCAD 命令行提示如下：

指定中心: （指定长方体的中心点位置）
指定角点或 [立方体(C)/长度(L)]:

指定长方体的中心点，然后用三种方式中的一种来创建长方体和立方体。

例如，利用该命令可以绘制出如图 8-20 所示的长方体和立方体。

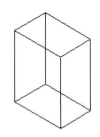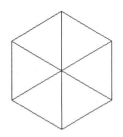

图 8-20　绘制长方体和立方体

专家指点

> 用"长方体"命令创建的长方体对象的各边分别与当前 UCS 的 X、Y、Z 轴平行。
> 在命令提示下输入长、宽、高时，输入的值可正可负，正值表示沿相应坐标轴的正方向创建长方体，负值表示沿相应坐标轴的负方向创建长方体。

8.3.2 创建球体模型

在所有基本实体中，生成球体是最简单的。利用球体（SPHERE）命令可以生成球体，其中轴线与 Z 轴始终平行。

1．调用创建球体命令的方法

调用"球体"命令有如下方法：
- 命令：在命令行中输入 SPHERE 并按回车键。
- 按钮：在功能区单击"常用"选项卡，在"建模"面板中单击"长方体"下拉按钮，并在下拉菜单中单击"球体"按钮。

2．命令提示

命令: SPHERE↙
指定中心点或 [三点(3P)/两点(2P)/切点、切点、半径(T)]:（指定球体的球心位置）
指定半径或[直径(D)]:（指定球体半径或直径）

绘制球体时，ISOLINES 系统变量的取值决定着每个球体表面上的网格线数，数值越大网格线数越密。其取值范围为 0～2047，默认值为 4。

利用上述方法绘制的球体如图 8-21 所示。

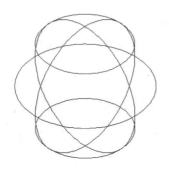
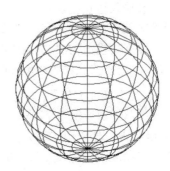

ISOLINES=4　　　　　　　　　　　ISOLINES=20

图 8-21　绘制球体

8.3.3 创建圆柱体模型

利用"圆柱体"（CYLINDER）命令可以绘制圆柱体或椭圆柱体。

1．调用创建圆柱体命令的方法

调用"圆柱体"命令有如下方法：
- 命令：在命令行中输入 CYLINDER 并按回车键。
- 按钮：单击"常用"选项卡，在"建模"面板中单击"长方体"下拉按钮，并在下拉菜单中单击"圆柱体"按钮。

2．命令提示

命令: CYLINDER✓
指定底面的中心点或 [三点(3P)/两点(2P)/切点、切点、半径(T)/椭圆(E)]：（指定圆柱体底面的中心点）

指定圆柱体底面的中心点后，AutoCAD 命令行提示如下：

指定底面的半径或 [直径(D)]：（指定圆柱体底面的半径或直径）
指定高度或 [两点(2P)/轴端点(A)]：（指定圆柱体的高度）

利用"圆柱体"命令绘制出的圆柱体与椭圆柱体如图 8-22 所示。

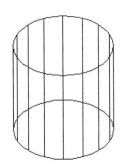

图 8-22　绘制圆柱体与椭圆柱体

8.3.4　创建圆锥体模型

利用圆锥体（CONE）命令可以绘制圆锥体或椭圆锥体。锥体的基面在默认情况下平行于当前的 UCS 坐标系，锥体是对称的，且在 Z 轴上聚成一点。

1．调用创建圆锥体命令的方法

调用"圆锥体"命令有如下方法：
● 命令：在命令行中输入 CONE 并按回车键。
● 按钮：单击"常用"选项卡，在"建模"面板中单击"长方体"下拉按钮，并在下拉菜单中单击"圆锥体"按钮。

2．命令提示

命令: CONE✓
指定底面的中心点或 [三点(3P)/两点(2P)/切点、切点、半径(T)/椭圆(E)]：（指定圆锥体底面的中心点）

指定圆锥体底面的中心点后，AutoCAD 命令行提示如下：

指定底面半径或 [直径(D)]：（指定圆锥体底面的半径或直径）
指定高度或 [两点(2P)/轴端点(A)/顶面半径(T)]：（指定圆锥体的高度）

利用"圆锥体"命令绘制出的圆锥体与椭圆锥体如图 8-23 所示。

图 8-23   绘制圆锥体与椭圆锥体

8.3.5   创建楔体模型

利用楔体（WEDGE）命令可以绘制楔体，其表面总是平行于当前的 UCS 坐标系，其斜面沿 Z 轴倾斜。

1．调用创建楔体命令的方法

调用"楔体"命令有如下方法：
- 命令：在命令行中输入 WEDGE 并按回车键。
- 按钮：单击"常用"选项卡，在"建模"面板中单击"长方体"下拉按钮，并在下拉菜单中单击"楔体"按钮 ◣。

2．命令提示

命令: WEDGE↙
指定第一个角点或 [中心(C)]:（指定楔体的第一个角点或选择"中心"选项）

3．选项说明

命令提示中各选项含义如下：

（1）指定楔体的第一个角点：选择该选项后，AutoCAD 命令行提示如下：

指定其他角点或 [立方体(C)/长度(L)]: L↙

该提示中各选项含义如下：
- 指定其他角点：首先指定楔体基面矩形的对角点，然后指定它的高度。
- 立方体：建立各边相同的楔体。
- 长度：通过定义楔体的长、宽、高来建立楔体。

（2）中心：通过指定楔体斜面上的中心点建立楔体。选择该选项后，AutoCAD 命令行提示如下：

指定中心:（指定楔体的中心点）
指定角点或 [立方体(C)/长度(L)]:

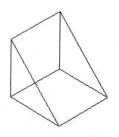

图 8-24   绘制楔体

利用"楔体"命令绘制出的楔体如图 8-24 所示。

8.3.6　创建圆环体模型

圆环体虽然不是很常用，但却是六个基本实体中最有趣和最善于变化的图形。它的基本形状像救生圈，如果去掉它中间的孔，那么它就变得像个橄榄球。

1．调用创建圆环体命令的方法

调用"圆环体"命令有如下方法：

● 命令：在命令行中输入 TORUS 并按回车键。

● 按钮：在功能区单击"常用"选项卡，在"建模"面板中单击"长方体"下拉按钮，并在下拉菜单中单击"圆环体"按钮◎。

2．命令提示

```
命令: TORUS↙
指定中心点或 [三点(3P)/两点(2P)/切点、切点、半径(T)]: （指定圆环体中心位置）
指定半径或 [直径(D)]: （指定圆环体的半径或直径）
指定圆管半径或 [两点(2P)/直径(D)]: （指定圆管的半径或直径即可）
```

如果圆管的半径大于圆环半径，圆环体将没有中间的空洞。如果圆环体半径为负值则生成一个橄榄球状实体，橄榄球的半径等于圆环体的半径与圆环管的半径的算术和。需要注意的是，如果圆环体的半径为-n（n>0），则圆管的半径必须大于 n。

利用"圆环体"命令绘制出的各种圆环体如图 8-25 所示。

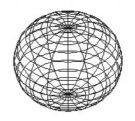

图 8-25　绘制圆环体

8.3.7　创建拉伸实体模型

在 AutoCAD 2015 中，用户可将一些二维图形经过拉伸直接生成三维实体模型。在进行拉伸的过程中，不仅可以指定拉伸的高度，而且还可以使实体的截面沿着拉伸方向发生变形。用于拉伸的命令是 EXTRUDE。

1．调用命令的方法

调用"拉伸"命令有如下方法：

● 命令：在命令行中输入 EXTRUDE 或 EXT 并按回车键。

● 按钮：在功能区单击"常用"选项卡，在"建模"面板中单击"拉伸"按钮⬚。

2．命令提示

命令: EXTRUDE↙
当前线框密度: ISOLINES=4
选择要拉伸的对象: （选择被拉伸的二维图形）
选择要拉伸的对象: ↙（可以选择多个拉伸的二维图形或按回车键，结束选择）
指定拉伸的高度或 [方向(D)/路径(P)/倾斜角(T)]: （指定拉伸高度、路径等）

3．选项说明

命令提示中各选项含义如下:

● 指定拉伸的高度

输入拉伸高度。图 8-26 所示右边的实体模型就是输入拉伸高度值后由左边的二维图形放样生成的空间实体。

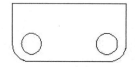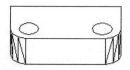

图 8-26　指定拉伸高度拉伸实体模型

● 路径

指定拉伸路径。选择该选项后，AutoCAD 提示:

选择拉伸路径或 [倾斜角(T)]:

例如，给定多段线路径，圆周就可沿着它拉伸得到右边的实体模型，如图 8-27 所示。

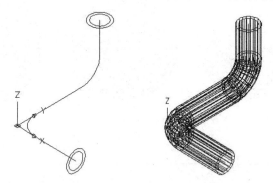

图 8-27　指定拉伸路径拉伸实体模型

 专家指点

被拉伸的二维图形应是封闭的，它们可以是圆、椭圆、封闭的二维多段线、封闭的样条曲线或面域等；而拉伸放样路径则可以是封闭的，也可以是开放的，如直线、二维多段线、圆弧、椭圆弧、圆、椭圆或三维多段线等。通常先将二维图形变成面域后再进行拉伸。

8.3.8 创建旋转实体模型

在中文版 AutoCAD 2015 中，用户可以将一个封闭的二维图形通过绕一根指定的轴旋转而生成三维实体模型。能够用于旋转的二维图形应是封闭的，如圆、椭圆、封闭的二维多段线、封闭的样条曲线或面域等。但是，当选择二维图形作为旋转轴时，二维图形只能是线或用 PLINE 命令绘制的直线，否则就不能进行旋转操作。通过旋转生成旋转实体模型的命令是 REVOLVE。

1. 调用命令的方法

调用"旋转"命令有如下方法：

● 命令：在命令行中输入 REVOLVE 或 REV 并按回车键。
● 按钮：在功能区单击"常用"选项卡，在"建模"面板中单击"旋转"按钮 。

2. 命令提示

命令: REVOLVE✓
当前线框密度：ISOLINES=4
选择要旋转的对象：(选择需要旋转的二维对象)
选择要旋转的对象：✓（按回车键，结束选择）
指定轴起点或根据以下选项之一定义轴 [对象(O)/X/Y/Z] <对象>：（指定旋转轴的起点或输入一个选项）

3. 选项说明

命令提示中各选项含义如下：

● 指定轴起点
指定旋转轴的起点后，AutoCAD 提示用户输入另一个端点和旋转角来生成旋转实体模型：

指定轴端点：(指定旋转轴的另一端点位置)
指定旋转角度 <360>：(指定旋转角度值，默认值为 360°)

图 8-28 所示的右边实体模型就是使用 REVOLVE 命令，由左边的二维图形绕着指定的轴线旋转 360°生成的空间旋转实体。

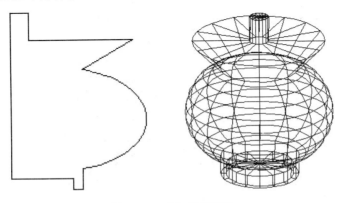

图 8-28 360°旋转实体

● 对象

选择该选项，AutoCAD 将提示用户指定旋转轴对象：

选择对象:（选择作为旋转轴的图形对象）
指定旋转角度 <360>: （指定旋转角度值）

如前所述，作为旋转轴的二维对象只能是线或用 PLINE 命令绘制的直线，否则就不能进行旋转操作。

● X 轴／Y 轴：选择该选项，则被旋转的二维图形将绕 X 轴或 Y 轴生成三维实体。

专家指点

被旋转的二维图形可以是圆、椭圆、封闭的二维多段线、封闭的样条曲线和面域等。用 LINE 命令绘制的直线无论封闭与否均不能被旋转，除非用 PEDIT 命令将其编辑成多段线或将其转化为面域。

8.3.9 创建扫掠实体模型

在 AutoCAD 2015 中，用户可将一些二维图形经过扫掠直接生成三维实体模型。在进行扫掠的过程中，将一个二维形体对象作为沿某个路径的剖面，而形成的三维图形。

1．调用命令的方法

调用"扫掠"命令有如下方法：
● 命令：在命令行中输入 SWEEP 并按回车键。
● 按钮：在功能区单击"常用"选项卡，在"建模"面板中单击"扫掠"按钮。

2．命令提示

命令: SWEEP✓
当前线框密度: ISOLINES=4，闭合轮廓创建模式=实体
选择要扫掠的对象或[模式(MO)]:_MO 闭合轮廓创建模式[实体(SO)/曲面(SU)] : <实体>（选择扫掠的方式）
选择要旋转的对象或[模式(MO)]: ✓（按回车键，结束选择）
选择扫掠路径或[对齐(A)/基点(B)/比例(S)/扭曲(T)]: （选择扫掠路径）

3．选项说明

命令提示中各选项含义如下：
● 拉伸高度：即按照指定的高度拉伸出三维实体图形。输入高度值后连续按两次 Enter 键，即可得到拉伸的三维实体。同时可根据用户需要，还可设定倾斜角度。默认的角度值为 0，如果输入非 0 的角度，拉伸后的实体截面会沿拉伸方向倾斜此角度。
● 路径：即以现有的图形对象作为拉伸创建三维实体对象。

图 8-29 所示的右边实体模型就是使用 SWEEP 命令，由左边的二维图形沿着指定的路径生成的三维实体。

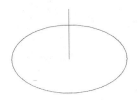

图 8-29　扫掠实体

8.3.10　创建放样实体模型

在 AutoCAD 2015 中，用户可将一些二维图形经过放样直接生成三维实体模型。在进行放样的过程中，将一个二维形体对象作为沿某个路径的剖面，而形成的三维图形。

1．调用命令的方法

调用"放样"命令有如下方法：
● 命令：在命令行中输入 LOFT 并按回车键。
● 按钮：在功能区单击"常用"选项卡，在"建模"面板中单击"放样"按钮。

2．命令提示

命令: LOFT↙
当前线框密度：ISOLINES=4，闭合轮廓创建模式=实体
按放样次序选择横截面或[点(PO)/合并多条边(J)/模式(MO)]:指定对角点：
按放样次序选择横截面或[点(PO)/合并多条边(J)/模式(MO)]:
选中了 5 个横截面
输入选项[导向(G)/路径(P)/仅横截面(C)/设置(S)]<仅横截面>:

3．选项说明

命令提示中各选项含义如下：
● 设置
在命令行中输入设置后，系统会自动弹出设置对话框，该对话框中有"直纹"、"平滑拟合"、"法向指向"、"拔模角度"4 个选项，选择不同的选项会出现不同的效果。
● 导向
即指定控制放样实体或曲面形状的导向曲线。导向曲线可以是直线，也可以是曲线。
图 8-30 所示的右边实体模型就是使用 LOFT 命令，由左边的二维图形沿着指定的剖面生成的三维实体。

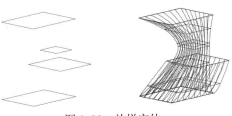

图 8-30　放样实体

8.3.11 创建按住并拖动实体模型

在 AutoCAD 2015 中，按住并拖动是一个简洁但实用的操作，可由有限边界区域或闭合区域创建拉伸，可从实体上的有限有边界区域或闭合区域中创建拉伸。

1．调用命令的方法

调用"按住并拖动"命令有如下方法：

- 命令：在命令行中输入 PRESSPULL 并按回车键。
- 按钮：在功能区单击"常用"选项卡，在"建模"面板中单击"按住并拖动"按钮 🔲。
- 快捷键：Ctrl+Shift+E。

2．命令提示

命令: PRESSPULL↙
选择对象或边界区域：选择要从中减去的实体、曲面和面域…
差集内部面域…
指定拉伸高度或[多个(M)]：

图 8-31 所示的右边实体模型就是使用 PRESSPULL 命令，由左边的二维图形创建按住并拖动的三维实体。

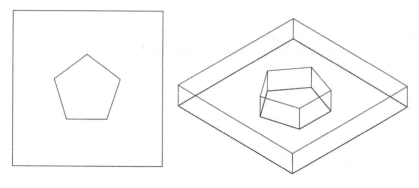

图 8-31　按住并拖动实体

8.4　对实体进行布尔运算

有些对象可以采用前面介绍的建模方法一次生成，但大多数情况下复杂的实体对象一般不能一次生成，只有借助布尔运算对多个相对简单的实体进行并、交、差运算后，才能构造出所需的实体模型。

8.4.1　并集运算

对所选择的实体进行并集运算，可将两个或两个以上的实体模型进行合并，使之成为一个整体。

1．调用并集运算命令的方法

调用"并集"命令有如下方法：

● 命令：在命令行中输入 UNION 或 UNI 并按回车键。

● 按钮：在功能区单击"常用"选项卡，在"实体编辑"面板中单击"并集"按钮 。

2．命令提示

```
命令: UNION↙
选择对象:（选择要进行并集运算的所有实体对象）
选择对象:↙（继续选择实体对象）
……
选择对象:↙（按回车键，结束命令）
```

被选择进行并集运算的多个实体对象间可以不接触或不重叠，对这类实体进行并集运算的结果是将它们合并成一个整体对象，如图 8-32 所示。

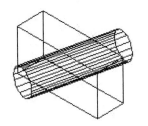
用于求并集的长方形与圆柱体

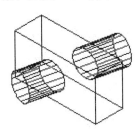
并集运算后的效果

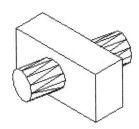
消隐后的效果

图 8-32　并集运算

8.4.2　差集运算

对所选择的实体进行差集运算，实际上就是从一个实体中减去另外一个实体，最终得到一个新的实体，如组合形成过程中经常进行的穿孔和挖切操作。

1．调用差集命令的方法

调用"差集"命令有如下方法：

● 命令：在命令行中输入 SUBTRACT 或 SU 并按回车键。

● 按钮：在功能区单击"常用"选项卡，在"实体编辑"面板中单击"差集"按钮 。

2．命令提示

```
命令: SUBTRACT↙
选择要从中减去的实体或面域...
选择对象:（选择被减的对象）
选择对象:（按回车键，结束选择）
选择要减去的实体或面域...
选择对象:（选择要减去的对象）
选择对象:（按回车键，结束选择即可）
```

被选择进行差集运算的两个实体间必须有公共部分，否则将得不到预期的效果。另外在选择对象时，先选择作为被减数的对象，再选择作为减数的对象，切不可颠倒，否则也将得不到预期的效果。差集运算的效果如图 8-33 所示。

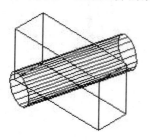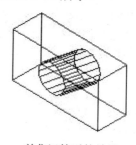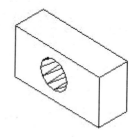

用于求差集的长方体与圆柱体　　　差集运算后的效果　　　　消隐后的效果

图 8-33　差集运算

8.4.3　交集运算

对所选择的实体对象进行交集运算，最终可得到一个由它们的公共部分组成的新实体，而每个实体的非公共部分将被删除。

1. 调用交集运算命令的方法

调用"交集"命令有如下方法：

● 命令：在命令行中输入 INTERSECT 或 IN 并按回车键。
● 按钮：在功能区单击"默认"选项卡，在"实体编辑"面板中单击"交集"按钮 ⑩

2. 命令提示

命令: INTERSECT↙
选择对象：（选择需要求交的所有实体）
选择对象：↙（按回车键，结束命令）

被选择进行交集运算的实体间必须有公共部分，否则命令无效。交集运算的效果如图 8-34 所示。

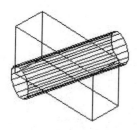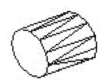

用于求交集的长方体与圆柱体　　　交集运算后的效果　　　消隐后的效果

图 8-34　交集运算

8.5　编辑三维实体

AutoCAD 提供的三维图形编辑功能比较丰富，除了一些二维图形编辑功能，如 MOVE、COPY 也适用于三维图形之外，系统还提供了一些编辑三维图形对象的专用功能。

8.5.1　移动三维实体

"三维移动"命令可将实体在三维空间中移动，在移动时，指定一个基点，然后指定一个目标空间点即可。

1．调用命令的方法

调用"三维移动"命令有如下方法：
- 命令：在命令行中输入 **3DMOVE** 并按回车键。
- 按钮：在功能区"常用"选项卡的"修改"面板中单击"三维移动"按钮 。

2．命令提示

命令: 3DMOVE↙
选择对象：（选择旋转对象）
选择对象：↙（按回车键，结束选择）
指定基点：

确定旋转轴上的第一点，为默认选项。执行该选项后，AutoCAD 提示：

指定第二个点或 <使用第一个点作为位移>: 正在重生成模型。

按上述提示进行操作，移动效果如图 8-35 所示。

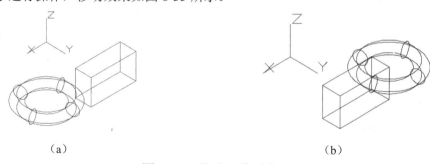

(a)   (b)

图 8-35　移动三维对象

8.5.2　旋转三维实体

使用 **3DROTATE** 命令可将三维实体在三维空间绕指定轴旋转。

1．调用命令的方法

调用"三维旋转"命令有如下方法：

- 命令：在命令行中输入 **3DROTATE** 并按回车键。
- 按钮：在功能区"常用"选项卡的"修改"面板中单击"三维旋转"按钮 。

2．命令提示

> 命令: 3DROTATE↙
> 当前的正向角度： ANGDIR=逆时针 ANGBASE=0
> 选择对象：（选择旋转对象）
> 选择对象: ↙（按回车键，结束选择）
> 指定基点：

确定旋转轴上的第一点，为默认选项。执行该选项后，AutoCAD 提示：

> 拾取旋转轴：（指定旋转轴）
> 指定角的起点或键入角度：（指定旋转角度即可）

按上述提示进行操作，旋转效果如图 8-36 所示。

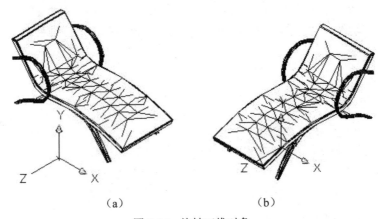

（a）　　　　　　　　　　（b）

图 8-36　旋转三维对象

8.5.3　阵列三维实体

使用 **3DARRAY** 命令可将三维实体在三维空间进行阵列。和二维阵列相比，三维阵列增加了 Z 方向的阵列数，即除了行列参数外，还要求输入层数和层间距。

1．调用命令的方法

调用"三维阵列"命令有如下方法：
- 命令：在命令行中输入 **3DARRAY** 并按回车键。
- 按钮：在功能区"常用"选项卡的"修改"面板中单击"矩形阵列"按钮 。

2．命令提示

> 命令: 3DARRAY↙
> 正在初始化... 已加载 3DARRAY。
> 选择对象:（选择需要阵列的对象）
> 选择对象: ↙（按回车键，结束选择）

输入阵列类型 [矩形(R)/环形(P)] <矩形>:

3. 选项说明

命令提示中各选项含义如下：

● 矩形

建立矩形阵列。选择该选项后，AutoCAD 提示：

输入阵列类型 [矩形(R)/环形(P)] <矩形>:↙
输入行数 (---) <1>:（输入阵列的行数）
输入列数 (|||) <1>: （输入阵列的列数）
输入层数 (...) <1>: （输入阵列的层数）
指定行间距 (---):（输入行间距）
指定列间距 (|||): （输入列间距）
指定层间距 (...): （输入层间距）

按提示依次操作后，AutoCAD 将所选对象按指定的行、列、层及各间距进行阵列。

图 8-37 所示是一个三维矩形阵列。

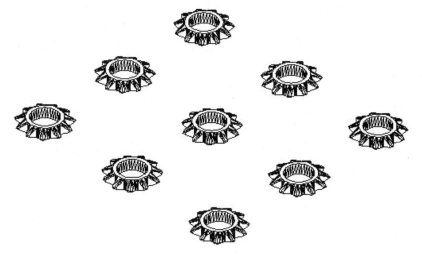

图 8-37　三维矩形阵列

● 环形

建立环形阵列。选择该选项后，AutoCAD 提示：

输入阵列类型 [矩形(R)/环形(P)] <矩形>:P↙
输入阵列中的项目数目: （输入阵列的项目个数）
指定要填充的角度 (+=逆时针, -=顺时针) <360>:（指定环形阵列的填充角度，默认值为360°）
旋转阵列对象？ [是(Y)/否(N)] <是>: （输入 Y 在复制时旋转阵列对象，输入 N 在复制时不旋转阵列对象）
指定阵列的中心点:（指定阵列的中心点位置）
指定旋转轴上的第二点:（指定阵列旋转轴上的另一点）

按提示执行操作后，AutoCAD 将所选对象按指定要求进行阵列。图 8-38 所示是一个三维环形阵列。

图 8-38　三维环形阵列

8.5.4　镜像三维实体

使用 MIRROR3D 命令可将三维实体在三维空间中按指定的对称面进行镜像。

1．调用命令的方法

调用"三维镜像"命令有如下方法：

● 命令：在命令行中输入 MIRROR3D 并按回车键。

● 按钮"在功能区"常用"选项卡的"修改"面板中单击"三维镜像"按钮。

2．命令提示

命令: MIRROR3D✓
选择对象：（选择镜像对象）
选择对象：✓（按回车键，结束选择）
指定镜像平面 (三点) 的第一个点或[对象(O)/最近的(L)/Z 轴(Z)/视图(V)/XY 平面(XY)/YZ 平面(YZ)/ZX 平面(ZX)/三点(3)] <三点>:（确定镜像的平面）

3．选项说明

命令提示中各选项含义如下：

● 三点

用户可以通过指定三点确定镜像平面，此项为默认选项。选择该选项后，AutoCAD 提示：

在镜像平面上指定第二点:（指定镜像平面上的第二点）
在镜像平面上指定第三点:（指定镜像平面上的第三点）
是否删除源对象？[是(Y)/否(N)] <否>:（确定是否删除源对象）

● 对象

将指定对象所在的平面作为镜像面。选择该选项后，AutoCAD 提示：

选择圆、圆弧或二维多段线线段:（选择相应对象）
是否删除源对象？[是(Y)/否(N)] <否>:（确定是否删除源对象）

● 最近的

以上次镜像使用的镜像平面作为当前镜像平面。选择该选项后，AutoCAD 提示：

在镜像平面上指定点:（指定镜像平面上的任一点）
在镜像平面的 Z 轴 (法向) 上指定点:（指定与镜像平面垂直的任一直线上的任一点）
是否删除源对象？[是(Y)/否(N)] <否>:（确定是否删除源对象）

- **Z 轴**

指定两点确定 Z 轴，镜像平面垂直于 Z 轴且通过第一点。选择该选项后，AutoCAD 提示：

> 在镜像平面的 Z 轴 (法向) 上指定点:（指定与镜像平面垂直的任一直线上的任一点）
> 是否删除源对象? [是(Y)/否(N)] <否>:（确定是否删除源对象）

- **视图**

镜像平面平行于当前视区的视图平面。选择该选项后，AutoCAD 提示：

> 在视图平面上指定点 <0,0,0>:（在视图平面上指定任意点）
> 是否删除源对象? [是(Y)/否(N)] <否>:（确定是否删除源对象）

- **XY 平面/YZ 平面/ZX 平面**

镜像平面分别平行于 XY、YZ 或 ZX 平面，并通过指定的点。选择该选项后，AutoCAD 提示：

> 指定 XY（YZ、ZX） 平面上的点 <0,0,0>:（指定镜像平面上的任一点）
> 是否删除源对象? [是(Y)/否(N)] <否>:（确定是否删除源对象即可）

按上述提示进行操作即可得到如图 8-39 所示的效果。

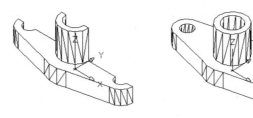

图 8-39　镜像三维实体

8.5.5　对齐三维实体

使用 ALIGN 命令可在三维空间对齐两个三维实体。

1．调用命令的方法

调用"三维对齐"命令有如下方法：

- 命令：在命令行中输入 ALIGN 并按回车键。
- 按钮：在功能区"常用"选项卡的"修改"面板中单击"三维对齐"按钮 。

2．命令提示

> 命令: ALIGN↙
> 选择对象:（选择要改变位置的对象，在此称该对象为源对象）
> 选择对象: ↙（按回车键，结束选择）
> 指定第一个源点:（选择源对象上的第一点）
> 指定第一个目标点:（选择被对齐对象上的第一点）
> 指定第二个源点:（选择源对象上的第二点）
> 指定第二个目标点:（选择被对齐对象上的第二目标点）
> 指定第三个源点或 <继续>:（选择源对象上的第三点）
> 指定第三个目标点:（选择被对齐对象上的第三目标点）

总之，ALIGN 命令首先提示用户选择要对齐的对象，然后要求指定三对点。每对点由源点和目标点组成。系统将源点所在的对象移到目标点，并与目标点所在的对象对齐。

图 8-40 所示为通过指定三个源点和目标点将对象对齐的示例。

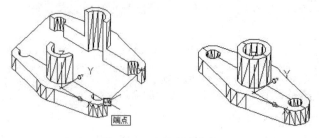

图 8-40　对齐三维实体

8.5.6　给三维实体倒圆角

用户可使用 FILLET 命令将实体的棱边修成圆角。如果打算用相同的圆角半径给几条相交于同一点的棱边执行圆角过渡，则 FILLET 命令会在此公共点上生成一部分球面。确定曲线方向后，FILLET 命令总是生成一个曲面，它使相邻曲面圆滑过渡。图 8-41 所示即为一个倒圆角的例子。

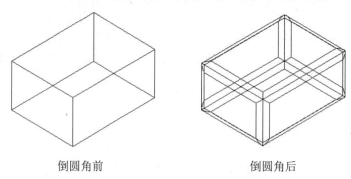

倒圆角前　　　　　　　　　　倒圆角后

图 8-41　对三维实体倒圆角

1．调用命令的方法

调用"圆角"命令有如下方法：

● 命令：在命令行中输入 FILLET 并按回车键。

● 按钮：在功能区单击"常用"选项卡，在"修改"面板中单击"圆角"按钮 。

2．命令提示

```
命令: FILLET↙
当前设置: 模式 = 修剪，半径 = 10.0000
选择第一个对象或 [放弃(U)/多段线(P)/半径(R)/修剪(T)/多个(U)]:（选择实体上要修圆角的边）
输入圆角半径 <10.0000>:（输入圆角半径）
选择边或 [链(C)/半径(R)]:
```

3．选项说明

命令提示中各选项含义如下：

● 选择边

该选项为默认项，直接选择要倒圆角的边即可。

● 链

选择构成封闭链的所有边进行倒圆角。选择该选项后，AutoCAD 提示：

选择边链或 [边(E)/半径(R)]:

在该提示下选择一条边作为起始边，则与首尾相邻的所有边都被选中。

● 半径

重新设置倒圆角半径。

8.5.7　给三维实体倒直角

使用 CHAMFER 命令可以对实体的棱边倒直角，从而在两相邻的面间生成一个平坦的过渡面。图 8-42 所示即为一个倒直角的例子。

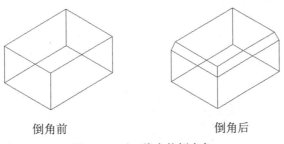

倒角前　　　　　　　　倒角后

图 8-42　对三维实体倒直角

1．调用命令的方法

调用"倒角"命令有如下方法：

● 命令：在命令行中输入 CHAMFER 并按回车键。

● 按钮：在功能区单击"常用"选项卡，在"修改"面板中单击"圆角"按钮的下拉菜单，找到"倒角"按钮 。

2．命令提示

命令: CHAMFER↙
选择第一条直线或 [放弃(U)/多段线(P)/距离(D)/角度(A)/修剪(T)/方式(M)/多个(U)]:
在该提示下选择三维实体上要倒角的边后，AutoCAD 提示：
基面选择...
输入曲面选择选项 [下一个(N)/当前(OK)] <当前>:（选择用于倒角的基面）

该提示要求用户选择用于倒角的基面。所谓的基面即所选择实体边所在的两个面中的一个。"当前"选项表示选择当前呈高亮显示的面作为基面，而"下一个"选项表示选择下一个面作为基面。选择基面后，AutoCAD 提示：

指定基面的倒角距离 <10.0000>: (指定基面上的倒角距离)
指定其他曲面的倒角距离<10.0000>: （指定与基面相邻的另一面上的倒角距离）
选择边或[环(L)] :

3．选项说明

命令提示中各选项含义如下：

- 选择边

该选项为默认选项，用于对基面上所选择的边进行倒角。

- 环

表示对基面上的每条边都进行倒角。

8.5.8　剖切实体

使用 SLICE 命令可以切开现有实体，并移去指定部分，从而创建新的实体，也可以保留剖切实体的一半或全部。剖切实体保留原实体的图层和颜色特性。

1．调用命令的方法

调用"剖切"命令有如下方法：

- 命令：在命令行中输入 SLICE 并按回车键。
- 按钮：在功能区单击"常用"选项卡，在"实体编辑"面板中单击"剖切"按钮。

2．命令提示

命令: SLICE↙
选择要剖切的对象: （选择要剖切的对象）
选择要剖切的对象: （按回车键，结束选择）
指定切面上的第一个点，依照 [对象(O)/Z 轴(Z)/视图(V)/XY 平面(XY)/YZ 平面(YZ)/ZX 平面(ZX)/三点(3)] <三点>:

3．选项说明

命令提示中各选项含义如下：

（1）指定切面上的第一个点

根据三点确定剖切面，为默认选项。指定切面上的第一个点后，AutoCAD 提示：

指定平面上的第二个点: （指定平面上的第二点）
指定平面上的第三个点: （指定平面上的第三个点）
在要保留的一侧指定点或 [保留两侧(B)]:

该提示中各选项含义如下：

- 在要保留的一侧指定点：实体被剖切后只保留其中的某一侧，为默认选项。用户可以在希望保留的剖切面的相应侧任意确定一点，确定后，位于该侧的实体被保留，而另一侧的实体被删除。
- 保留两侧：保留剖切后得到的两部分实体。

（2）对象

将指定对象所在的平面作为剖切面。选择该选项后，AutoCAD 提示：

选择圆、椭圆、圆弧、二维样条曲线或二维多段线：（选择相应的对象）
在要保留的一侧指定点或 [保留两侧(B)]：（确定剖切后实体的保留方式）

（3）Z 轴

通过指定剖切面上的任意一点和垂直于剖切面的直线上的任意一点来确定剖切面。选择该选项后，AutoCAD 提示：

指定剖面上的点：（指定剖切面上的任一点）
指定平面 Z 轴 (法向) 上的点：（指定垂直于剖切面的直线上的任一点）
在要保留的一侧指定点或 [保留两侧(B)]：（确定剖切后实体的保留方式）

（4）视图

将通过某点且与当前视图平面平行的面作为剖切面。选择该选项后，AutoCAD 提示：

指定当前视图平面上的点 <0,0,0>：（指定当前视图平面上的任一点）
在要保留的一侧指定点或 [保留两侧(B)]：（确定剖切后实体的保留方式）

（5）XY/YZ/ZX 平面

分别表示将通过某点且与当前 UCS 的 XY、YZ、ZX 面平行的平面作为剖切面。例如，选择"XY 平面"选项后，AutoCAD 提示：

指定 XY 平面上的点 <0,0,0>：（指定剖切面上的任一点）
在要保留的一侧指定点或 [保留两侧(B)]：（确定剖切后实体的保留方式）

（6）三点

通过指定三点确定剖切面。

例如，将如图 8-40（左）所示的实体进行剖切并执行消隐操作，即可得到如图 8-43（右）所示的效果。

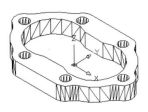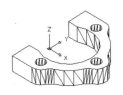

图 8-43　剖切实体

以下命令提示为进行剖切实体的操作步骤：

命令：SLICE✓
选择要剖切的对象：指定对角点：找到 2 个（选择要剖切的对象，本例选择图 8-40（左）中的三维实体）
选择要剖切的对象：✓（按回车键，结束选择）
指定切面上的第一个点，依照 [对象(O)/Z 轴(Z)/视图(V)/XY 平面(XY)/YZ 平面(YZ)/ZX 平面(ZX)/三点(3)] <三点>：YZ✓（以平行于当前 UCS 的 YZ 平面的平面作为剖切面）
指定 YZ 平面上的点 <0,0,0>：✓（直接按回车键，将过点（0,0,0）且平行于 YZ 平面的平面作为剖切面）
在要保留的一侧指定点或 [保留两侧(B)]：（拾取 X 轴正方向一侧实体上的任一点）

进行以上操作后，单击"视图>消隐"命令即可得到最终的效果。

8.5.9　截面面域

使用 SECTION 命令，可以使用某一平面切割实体，得到实体的截面面域。其操作方法与剖切实体的方法完全相同，只是生成截面的操作对原来的实体没有任何影响而已。

在命令行中输入 SECTION 并按回车键，AutoCAD 提示：

命令: SECTION↙
选择对象: （选择要切割的对象）
选择对象: （按回车键，结束选择）
指定截面上的第一个点，依照 [对象(O)/Z 轴(Z)/视图(V)/XY 平面(XY)/YZ 平面(YZ)/ZX 平面(ZX)/三点(3)]<三点>:

例如，用户可以用上节列举的例子，用与上节完全相同的操作步骤，创建如图 8-44 所示的截面。

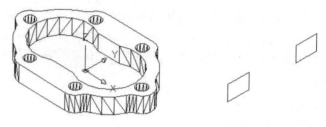

图 8-44　创建实体截面

8.5.10　编辑实体面

中文版 AutoCAD 2015 提供了一组实用的面编辑操作命令，如实体面拉伸、移动、偏移、删除、旋转、倾斜、着色和复制等。

1．调用命令的方法

调用"实体编辑"命令有如下方法：
- 命令：在命令行中输入 SOLIDEDIT 并按回车键。
- 按钮：在功能区单击"常用"选项卡，在"实体编辑"面板中单击相应的按钮。

2．命令提示

命令: SOLIDEDIT↙
实体编辑自动检查： SOLIDCHECK=1
输入实体编辑选项 [面(F)/边(E)/体(B)/放弃(U)/退出(X)] <退出>: F↙
输入面编辑选项[拉伸(E)/移动(M)/旋转(R)/偏移(O)/倾斜(T)/删除(D)/复制(C)/着色(L)/放弃(U)/退出(X)] <退出>:

3．选项说明

命令提示中各选项含义如下：
- 拉伸

可将实体面沿一条路径或按特定的长度和角度拉伸。
- 移动

移动时，只移动选择的实体面而不能改变方法。使用该功能可以方便地移动三维实体上的孔。
- 旋转

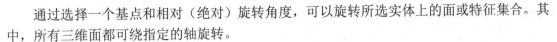

通过选择一个基点和相对（绝对）旋转角度，可以旋转所选实体上的面或特征集合。其中，所有三维面都可绕指定的轴旋转。

● 偏移

在一个三维实体上，可按指定的距离均匀地偏移实体面，从而创建新的实体面。

● 倾斜

可沿矢量方向以特定角度倾斜面。正角度向内倾斜面，负角度向外倾斜面。要避免使用过大的角度，如果角度过大，剖面在到达指定的高度前可能就已经倾斜成一点，AutoCAD 将拒绝这种倾斜。

● 删除

使用该功能可从三维实体对象上删除实体面和圆角。

● 复制

该功能提供复制三维实体面的方法，系统将选择的实体面复制为面域或体。如果指定了两个点，系统将把第一点看作基点，并相对于基点放置一个副本。如果只指定一个点，系统就把原始选择点作为基点，下一点作为位移点。

● 着色

在中文版 AutoCAD 2015 中，可以修改实体面的颜色，以取代该实体对象所在图层的颜色。选择颜色时，既可从七种标准颜色中选择，也可以从"选择颜色"对话框中选择，还可以输入颜色名或 AutoCAD 颜色索引（ACI）编号（1～255 之间的整数）。

8.5.11 编辑实体边

在 AutoCAD 中，系统提供了改变边的颜色和复制实体边两种操作，其特点如下：

● 实体边着色

更改实体边的颜色时，可为实体对象的独立边指定颜色，该颜色将取代实体对象所在图层的颜色。与前面介绍的实体面着色一样，既可从七种标准颜色中选择，也可以从"选择颜色"对话框中选择。该操作对应的菜单命令为"修改>实体编辑>着色边"。

● 实体边复制

用户可以复制三维实体对象的各个边。任意边都可复制为直线、圆弧、圆、椭圆或样条曲线对象。如果只指定两个点，系统将把第一个点看作基点，并相对于基点放置一个副本；如果只指定一个点，系统将使用原始选择点作为基点，下一个点作为位移点。该操作对应的菜单命令为"修改>实体编辑>复制边"。

8.5.12 实体压印、分割、抽壳、清除与检查

在 AutoCAD 中，用户可以分别单击"菜单浏览器"按钮，在弹出的下拉菜单中单击"修改>实体编辑>压印边""清除""分割""抽壳"和"检查"命令，对实体进行压印、清除、分割、抽壳与检查操作，这些操作的特点如下：

● 压印边

通过在面或三维实体上压印圆弧、圆、直线、二维和三维多段线、椭圆、样条曲线、面域、体和三维实体，可创建新的对象。例如，圆与三维实体相交，则可以在该实体上压印出

相交的曲线。此时用户可以选择删除原始压印对象，也可保留下来供以后使用。压印对象必须与所选实体上的面相交，这样才能压印成功。

● 分割

执行分割操作可将组合实体分割成零件，所有嵌套的三维实体对象都将被分割成最简单的结构。在将三维实体分割后，独立的实体将保留原来的图层和原始颜色。

● 抽壳

通过抽壳操作，用户可从三维实体对象中以指定的厚度创建壳体或中空的墙体。系统通过将现有的面向内或外偏移，创建新的面。偏移时，系统将连续相切的面看作单一的面。

● 清除

如果边的两侧或顶点共用相同的曲面或顶点定义，那么，清除操作可以删除这些边或顶点。系统将检查实体对象的体、面或边，并且合并共用相同曲面的相邻面。三维实体对象中所有多余的、压印的以及未使用的边都将被删除。

● 检查

通过执行检查操作，系统可以检查实体对象，看它是否是有效的三维实体对象。

习题与上机操作

一．填空题

1．视点是指用户观察图形的_____。

2．定义视点时需要两个角度：一个为_____上的角度，另一个为与_____的夹角。

3．_____是指通过一条轨迹线绕一根指定的轴旋转生成的空间曲面。

二．思考题

1．什么是旋转曲面、平移曲面、直纹曲面与边界曲面？

2．在中文版 AutoCAD 2015 中，如何设置厚度绘制三维图形？

3．如何对三维模型进行消隐处理？

三．上机操作

1．使用 CIRCLE、PLINE、REGION、EXTRUDE、HIDE、SUBTRACT 等命令，制作如图 8-45 所示的固定支座图形。

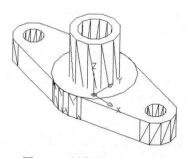

图 8-45　制作固定支座图形

2. 使用 BOX、SOLIDEDIT、COPY、SUBTRACT 等命令，制作如图 8-46 所示的锥形顶楼。

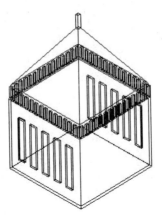

图 8-46   制作锥形顶楼

第 9 章　着色渲染与图形输出

　　创建真实的三维图像可以帮助设计者看到最终的设计，这样要比线框表示清楚得多。而着色和渲染可以增强图像的真实感。在各类图像中，着色可以消除隐藏线并为可见平面指定颜色，渲染可以添加和调整光源并为表面附着上材质以产生真实的效果。

　　另外，读者应了解有关图形输出的基本概念与常识，以便更好地掌握图形输出的方法和技巧。

- 　着色与渲染图形对象
- 　图形输出基础
- 　创建标准布局

9.1　着色与渲染图形对象

　　利用中文版 AutoCAD 2015 可以将三维对象以着色或渲染的方式显示。着色是对三维图形进行阴影处理，渲染可以使三维对象的表面显示出明暗色彩和光彩效果，从而生成逼真的图像。此外，用户还可以对渲染进行各种设置，如设置光源、场景和材质等。

　　渲染图形一般包括如下四个步骤：

　　（1）准备需要渲染的模型

　　包括采用适当的绘图技术、消除隐藏面、构造平滑着色所需的网格、设置显示分辨率等。

　　（2）照明

　　包括创建和放置光源、阴影。

　　（3）添加颜色

　　包括定义材质的反射性质、指定材质和可见表面的关系。

　　（4）渲染

　　一般需要通过若干中间步骤检验渲染模型、照明和颜色。

　　上述步骤只是概念上的划分，在实际渲染过程中，这些步骤通常结合使用，不一定非要按照上述顺序进行。

9.1.1　创建着色图形对象

　　利用中文版 AutoCAD 2015 进行三维绘图时，用户可以建立五种三维视觉样式，它们是：二维线框、概念、隐藏、真实、着色、带边缘着色、灰度、勾画、线框、X 射线，如图 9-1

所示。

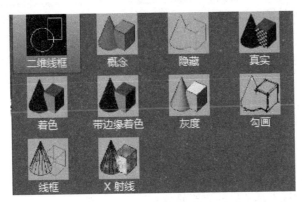

图 9-1　不同的三维视觉样式

在创建或编辑图形和查看或打印图形时，复杂的图形往往会显得十分混乱，以至于无法表达正确的信息。着色是指对三维图形进行阴影处理，以生成更加逼真的图像。

1．调用命令的方法

调用着色命令有如下方法：

● 命令：在命令行中输入 SHADEMODE 并按回车键。

● 按钮：在功能区单击"常用"选项卡，在"视图"选项板中单击相应的按钮。

2．命令提示

命令: SHADEMODE↙
VSCURRENT
输入选项 [二维线框(2)/线框(W)/隐藏(H)/真实(R)/概念(C)/着色(S)/带边缘着色(E)/灰度(G)/勾画(SK)/X射线(X)/其他(O)] <二维线框>:

3．选项说明

命令提示中各选项含义如下：

● 二维线框

显示用直线和曲线表示边界的对象。光栅图像、OLE 对象、线型和线宽都是可见的。

● 线框

显示用直线和曲线表示边界的对象，此时 UCS 三维图标被着色，显示已经使用的材质，并且光栅图像、OLE 对象、线型和线宽都不可见。

● 隐藏

显示用三维线框表示的对象，并隐藏表示后向面的直线。

● 真实

着色多边形平面间的对象，使对象的边平滑化，显示已附着到对象的材质。

● 概念

着色多边形平面间的对象，并使对象的边平滑化。着色使用古氏面样式，一种冷色和暖色之间的过渡而不是从深色到浅色的过渡。其效果缺乏真实感，但是可以更方便地查看模型的细节。

- 着色

使用平滑着色显示对象。

- 带边缘着色

使用平滑着色和可见边显示对象。

- 灰度

使用平滑着色和单色灰度显示对象。

- 勾画

使用线延伸和抖动边修改器显示手绘效果的对象。

- 线框

通过使用直线和曲线表示边界的方式显示对象。

- X 射线

以局部透明度显示对象。

专家指点

> 重新生成图像并不影响着色，而且用户可像通常那样选择已经着色的对象来编辑它们。一旦选择了一个已经着色的对象，就会在着色层上面显示线框和夹点。保存图形然后再打开，对象的着色不变。

9.1.2 设置三维图形的光源

光源对渲染效果有着重要作用，它主要有强度和颜色两个指标。

1．创建光源

下面以创建点光源为例，向读者介绍创建光源的方法。

（1）单击"可视化"按钮，在"光源"选项板中单击"创建光源"，弹出提示信息框，选择"关闭默认光源"选项，如图 9-2 所示。

（2）在绘图窗口中单击鼠标左键即可创建点光源，如图 9-3 所示。

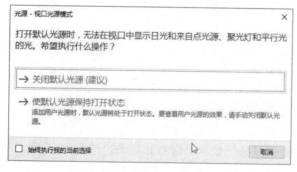

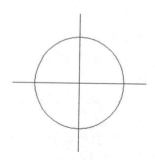

图 9-2　提示信息框　　　　　　　　　图 9-3　创建点光源

2．调整光源

创建光源后，可以对光源的特性、轮廓等进行设置。下面以设置光源的颜色为例，向读者介绍调整和控制光源的方法。

（1）单击"可视化"按钮，在"光源"选项板右下角单击箭头按钮⬰，如图 9-4 所示。

（2）在列表中选择需要调整的光源并单击鼠标右键，在弹出的快捷菜单中选择"特性"选项，打开"特性"窗格，单击"灯的颜色"下拉列表框右侧的▤按钮，如图 9-5 所示。

图 9-4 "模型中的光源"窗格   图 9-5 "特性"窗格

（3）弹出"灯的颜色"对话框，在"类型"选项区中选中"标准颜色"单选按钮，在下拉列表框中选择需要的灯光类型，如图 9-6 所示。

（4）单击"确定"按钮完成灯光颜色的设置，如图 9-7 所示。

图 9-6 "灯的颜色"对话框   图 9-7 设置颜色后的"特性"窗格

9.1.3 设置三维图形的材质

为了使图形对象具有真实感，用户可以在模型的表面应用材质，例如钢、金属和塑料等。

在渲染对象时也可以将材质映射到对象上，即贴图。

1. 创建材质

为模型赋予材质之前，首先需要创建材质并对材质的特性进行设置。下面以创建"磨光的石材"材质为例，向读者介绍创建材质的方法。

（1）单击"可视化"按钮，在选项板上选择 "材质"命令，打开右下角"材质"窗格，如图 9-8 所示。

图 9-8 "材质"窗格

（2）在"材质"窗格左下角单击"创建新材质"按钮，弹出"创建新材质"对话框，在"名称"文本框中输入材质名称，在"说明"文本框中输入材质说明，如图 9-9 所示。

（3）单击"确定"按钮即可创建一个新材质，如图 9-10 所示。

图 9-9 "创建新材质"对话框

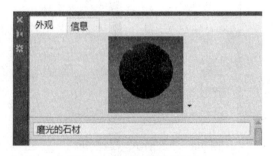

图 9-10 创建的材质样例

（4）在"样板"下拉列表框中选择"磨光的石材"选项，如图 9-11 所示。

（5）单击"颜色"右侧的色块，弹出"选择颜色"对话框，在其中设置材质的颜色，如图 9-12 所示。

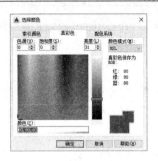

图 9-11　选择样板

图 9-12　设置材质颜色

（6）单击"确定"按钮即可创建一个新材质，此时的样例球如图 9-13 所示。

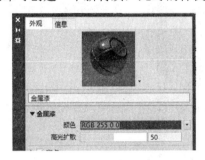

图 9-13　创建新材质

2．赋予材质

将材质编辑好后，AutoCAD 2015 会保存所有的材质信息，如颜色、贴图等。当创建的模型需要该材质时，只需要在材质面板中将该材质赋予相应的模型即可。

（1）单击"视图"选项卡，在"选项板"选项板中单击"材质浏览器"按钮，弹出"材质浏览器"窗格，如图 9-14 所示。

图 9-14　"材质浏览器"窗格

（2）在绘图窗口选择需要赋予材质的模型，然后在"材质浏览器"窗格中打开材质右击菜单，单击"指定给当前选择"命令，然后，如图 9-15 所示。

（3）在功能区单击"常用"选项卡，在"视图"选项板中设置模型的显示模式为"真实"，赋予材质后的效果如图 9-16 所示。

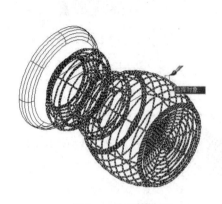

图 9-15　选择模型　　　　　　　　　图 9-16　赋予材质后的效果

9.1.4　渲染三维图形对象

为模型赋予材质并设置好渲染环境后，就可以开始渲染图像了，并且可以将图像保存为图像文件。

在命令行输入"RENDER"命令，将弹出渲染对话框，系统自动渲染图形，如图 9-17 所示。

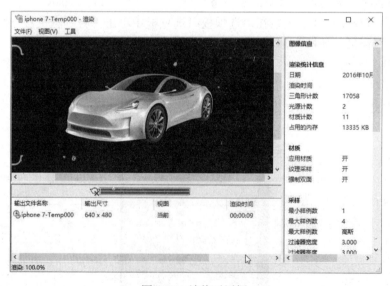

图 9-17　渲染对话框

在渲染对话框中单击"文件>保存"命令，弹出"渲染输出文件"对话框，选择合适的保存路径、文件名以及保存格式，单击"保存"按钮即可保存文件。

9.2　图形输出

为了帮助读者尽快掌握图形输出的方法，首先向读者介绍一些有关图形输出的基本概念与常识。

9.2.1　模型空间和图纸空间

模型空间和图纸空间的基本概念及两者之间相互切换的操作方法如下：

1．模型空间和图纸空间的概念

模型空间是创建工程模型的空间，是针对图形实体的空间。通常在绘图中，无论是二维还是三维图形的绘制与编辑工作都是在模型空间下进行的，它为用户提供了一个广阔的绘图区域，用户在模型空间中所需考虑的只是单个图形是否绘出或正确与否，而不必担心绘图空间是否足够大。

在 AutoCAD 中，图纸空间是以布局的形式来使用的。一个图形文件可能包含多个布局，每个布局代表一张单独的打印输出图纸。在图纸空间里用户所要考虑的是图形在整张图纸中如何布局。

2．模型空间和图纸空间的切换

在中文版 AutoCAD 2015 中，用户可以通过以下方式在模型空间和图纸空间之间进行切换：
● 命令：在命令行中输入 MSPACE 并按回车键进入模型空间，或输入 PSPACE 进入图纸空间。
● 系统变量：通过设置系统变量 TILEMODE 来控制。值为 1 时为模型空间，值为 0 时为图纸空间。

专家指点

采用命令行方式激活 PSPACE 命令或 MSPACE 命令时，必须将 TILEMODE 系统变量的值设为 0，即布局页已激活，否则 AutoCAD 命令行将提示：
命令不允许在模型选项卡中使用

9.2.2　打印图纸与创建布局

要创建打印布局，只需单击绘图窗口底部的"布局 1"（或"布局 2"）按钮，系统将生成如图 9-18 所示的布局图，最外侧的矩形轮廓指示当前配置的图纸尺寸，其中的虚线提示了纸张的可打印区域。

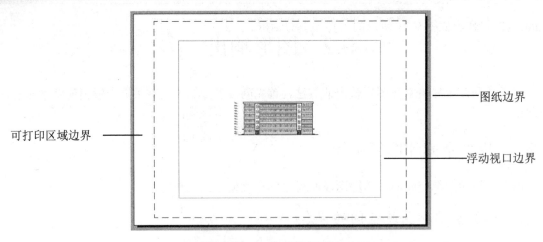

图纸边界

可打印区域边界

浮动视口边界

图 9-18　生成的布局图

单击"菜单浏览器"按钮  ，在弹出的下拉菜单中单击"打印"命令，在下级菜单中单击"打印"命令，AutoCAD 将弹出"打印"对话框，可供用户设置打印设备、图纸尺寸、打印比例等参数，如图 9-19 所示。

在打印对话框中进行适当的设置后，单击"确定"按钮，即可打印布局图。

在中文版 AutoCAD 2015 中，用户还可利用创建布局向导来创建布局。依次单击菜单栏中的"工具>向导>创建布局"，AutoCAD 将弹出如图 9-20 所示的创建布局向导对话框。使用创建布局向导，用户可以指定打印设备、确定相应的图纸尺寸和图形的打印方向、选择布局中使用的标题栏、确定视口设置等。

图 9-19　"打印"对话框

图 9-20　创建布局向导对话框

9.2.3　打印草图

如果用户只是希望打印简单的草图，也可不创建布局图。为此，可设置当前工作空间为模型空间，然后单击"菜单浏览器"按钮，在弹出的下拉菜单中单击"文件>打印"命令，

AutoCAD 将弹出如图 9-21 所示的"打印"对话框。

图 9-21 "打印"对话框

在"打印"对话框的"打印机/绘图仪"选项区中选择打印机,在"图纸尺寸"选项区中选择纸张尺寸,在"打印区域"选项区中选择"显示"选项。单击"确定"按钮即可打印图形。

习题与上机操作

一．填空题

1．利用中文版 AutoCAD 2015 进行三维绘图时,用户可以建立五种三维视觉样式,它们是: _____ 、 _____ 、 _____ 、 _____ 和 _____ 。

2．在 AutoCAD 中,图纸空间是以 _____ 的形式来使用的。一个图形文件可能包含多个 _____ ,每个 _____ 代表一张单独的打印输出图纸。

二．思考题

1．如何渲染图形,设置光源、添加材质?

2．如何在模型空间和图纸空间之间进行切换?

三．上机操作

1．在 AutoCAD 的绘图窗口中打开一个 AutoCAD 图形文件,并进行页面设置、打印预览和打印输出。

2．使用布局样板快速创建一个标准布局图。

第 10 章 应用案例实训

通过前面 9 章的学习，相信读者已经掌握了 AutoCAD 的核心内容，但在实际应用中，往往还是不能完全发挥出 AutoCAD 辅助设计的威力。为此，本章将通过实例来介绍 AutoCAD 的实际应用，帮助读者达到立竿见影的学习效果。

学习重点和难点

- 通过应用案例实训掌握和巩固前面所学知识
- 通过案例的综合实训提高实际应用能力

10.1 螺母

本实例绘制螺母，效果如图 10-1 所示。

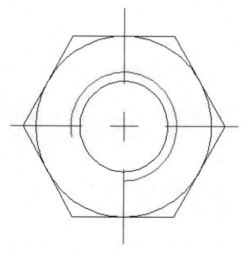

图 10-1 螺母

操作步骤 >>>>>>

（1）单击"菜单浏览器"按钮 ，在弹出的下拉菜单中单击""新建"命令，新建一个 CAD 文件。

（2）执行 LAYER 命令，新建一个"中心线"图层，设置其"线型"为 CENTER、"颜色"为红色。

（3）按【F8】键开启正交模式，执行 LINE 命令，在绘图窗口中绘制两条相互垂直的直线，并将其移至"中心线"图层，效果如图 10-2 所示。

（4）按【F3】键开启对象捕捉功能，执行 CIRCLE 命令，以两直线的交点为圆心，绘制半径为 10 的圆；重复执行 CIRCLE 命令，绘制半径分别为 5.5 和 6 的同心圆，效果如图 10-3 所示。

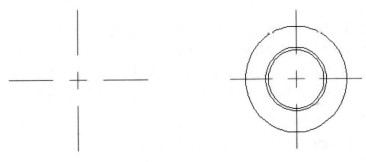

　　图 10-2　绘制两条相互垂直的直线　　　　　图 10-3　绘制同心圆

（5）执行 POLYGON 命令，输入侧边为 6，捕捉圆心作为中心点，绘制内切圆半径为 10 的正六边形，效果如图 10-4 所示。

（6）执行 BREAK（或输入 BR）命令，分别单击点 A、B，对图形进行打断处理，并将此圆设置为红色，效果如图 10-5 所示。

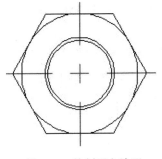
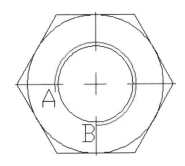

　　图 10-4　绘制正六边形　　　　　　　　　图 10-5　打断处理

10.2　螺丝

本实例绘制螺丝，效果如图 10-6 所示。

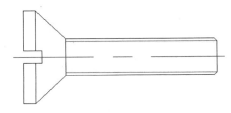

　　　　　　　　图 10-6　螺丝

（1）单击"菜单浏览器"按钮 ，在弹出的下拉菜单中单击"新建"命令，新建一个 CAD 文件。

（2）执行 LAYER 命令，新建一个"中心线"图层，设置其"线型"为 CENTER、"颜色"为红色。

（3）按【F8】键开启正交模式，执行 LINE 命令，绘制一条水平中心线和一条垂直线，并将水平中心线移至"中心线"图层，效果如图 10-7 所示。

（4）执行 OFFSET 命令，将垂直线向右分别偏移 2、3、7、32；重复执行 OFFSET 命令，将水平中心线分别向上和向下各偏移 1、2.5、3、7.5，将偏移的水平中心线移至 0 图层，效果如图 10-8 所示。

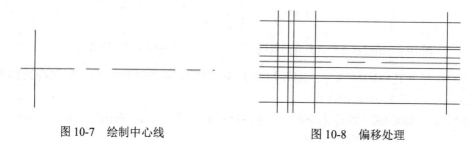

图 10-7　绘制中心线　　　　　　　　　　图 10-8　偏移处理

（5）执行 XLINE 命令，捕捉交点 A，绘制通过点为交点 B 的构造线，效果如图 10-9 所示。

（6）执行 MIRROR 命令，镜像构造线，效果如图 10-10 所示。

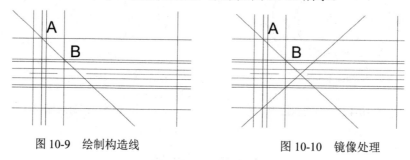

图 10-9　绘制构造线　　　　　　　　　　图 10-10　镜像处理

（7）执行 TRIM 命令，对图形进行修剪，效果如图 10-11 所示。

（8）执行 CHAMFER 命令，设置倒角距离为 1，对图形进行倒角处理，效果如图 10-6 所示。

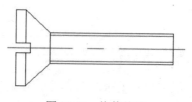

图 10-11　修剪处理

10.3　法兰盘

本实例绘制法兰盘，效果如图 10-12 所示。

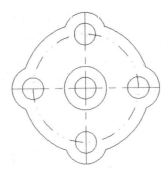

图 10-12　法兰盘

▶操作步骤 ▷▷▷▷▷▷▷

（1）单击"菜单浏览器"按钮 ，在弹出的下拉菜单中单击"新建"命令，新建一个 CAD 文件。

（2）执行 LAYER 命令，新建一个"中心线"图层，设置其"线型"为 CENTER、"颜色"为红色，并将其设为当前图层。

（3）按【F8】键开启正交模式，执行 LINE 命令，在绘图窗口中绘制两条互相垂直的直线 a 与 b，效果如图 10-13 所示。

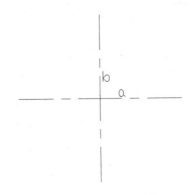

图 10-13　绘制中心线

（4）确认当前图层为 0 图层，执行 CIRCLE 命令，以直线 a 与直线 b 的交点为圆心，绘制半径分别为 10、20、50、60 的同心圆；将半径为 50 的圆的线型更改为 DIVIDE，效果如图 10-14 所示。

（5）执行 COPY 命令，选择半径为 10 与半径为 20 的圆，捕捉其圆心为基点，向上移动光标捕捉半径为 50 的圆与直线 b 的交点，复制该图形，效果如图 10-15 所示。

（6）执行 ARRAYPOLAR 命令，指定原点为分布阵列项目所围绕的点，在功能区弹出"阵列创建"选项板的"项目数"文本框中输入 4，在"填充"文本框中输入 360。

（7）单击"选择对象"按钮，选择复制的同心圆，按【Enter】键确认；单击"拾取中心点"按钮，捕捉直线 a 与直线 b 的交点为中心点，单击"确定"按钮，效果如图 10-16 所示。

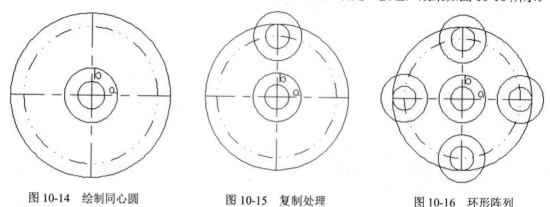

图 10-14　绘制同心圆　　　　　图 10-15　复制处理　　　　　图 10-16　环形阵列

（8）执行 TRIM 命令，对图形进行修剪，效果如图 10-12 所示。

10.4　齿轮轴

本实例绘制齿轮轴，效果如图 10-17 所示。

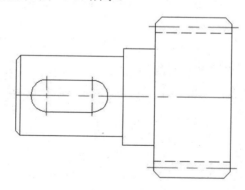

图 10-17　齿轮轴

操作步骤

（1）单击"菜单浏览器"按钮，在弹出的下拉菜单中单击 "新建"命令，新建一个 CAD 文件。

（2）执行 LAYER 命令，新建一个"中心线"图层，设置其"线型"为 CENTER、"颜色"为红色；新建一个"虚线"图层，设置其"线型"为 HIDDEN、"颜色"为白色。

（3）按【F8】键开启正交模式，执行 LINE 命令，在绘图窗口中绘制一条水平直线，然后再绘制一条垂直于该线的直线，并将水平直线移至"中心线"图层，效果如图 10-18

所示。

（4）执行 OFFSET 命令，将垂直线向左分别偏移 25、35、75，将水平线向上分别偏移 12.5、15、25，并将偏移的水平直线移至 0 图层，效果如图 10-19 所示。

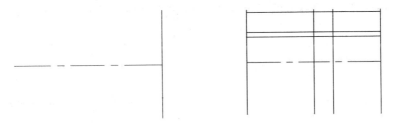

图 10-18　绘制直线　　　　　　　　　　图 10-19　偏移处理

（5）执行 TRIM 命令，对图形进行修剪，效果如图 10-20 所示。

（6）执行 OFFSET 命令，将左侧垂直线向右偏移 2；执行 CHAMFER 命令，设置倒角距离为 2，选择相邻两条边，对图形进行倒角处理，效果如图 10-21 所示。

（7）执行 OFFSET 命令，将中心线向上分别偏移 20、22，并将偏移 20 的直线移至"虚线"图层，效果如图 10-22 所示。

（8）执行 TRIM 命令，对图形进行修剪，效果如图 10-23 所示。

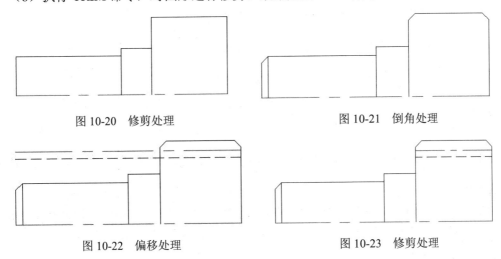

图 10-20　修剪处理　　　　　　　　　　图 10-21　倒角处理

图 10-22　偏移处理　　　　　　　　　　图 10-23　修剪处理

（9）执行 MIRROR 命令，在绘图窗口中选择要镜像的图形，捕捉中心线左端点和右端点，对图形进行镜像，效果如图 10-24 所示。

（10）执行 OFFSET 命令，将图形左侧垂直线向右分别偏移 10、25；选择中心线并分别向上和向下各偏移 5，然后将偏移的直线移至 0 图层；执行 CIRCLE 命令，捕捉偏移直线与中心线的交点，绘制两个半径为 5 的圆，效果如图 10-25 所示。

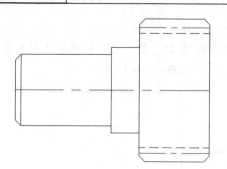

图 10-24　镜像处理

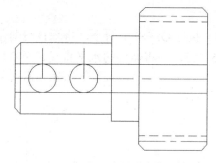

图 10-25　偏移中心线并绘制圆

（11）执行 TRIM 命令，对图形进行修剪，并且调整其线型，效果如图 10-17 所示。

10.5　泵轴

本实例绘制泵轴，效果如图 10-26 所示。

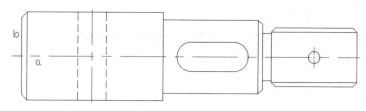

图 10-26　泵轴

▶操作步骤 >>>>>>>

（1）单击"菜单浏览器"按钮，在弹出的下拉菜单中单击"新建"命令，新建一个 CAD 文件。

（2）执行 LAYER 命令，新建一个"中心线"图层，设置其"线型"为 CENTER、"颜色"为红色；新建一个"虚线"图层，设置其"线型"为 HIDDEN、"颜色"为白色。

（3）按【F8】键开启正交模式，执行 LINE 命令，在绘图窗口中绘制一条水平直线 a，再绘制一条垂直于直线 a 的直线 b，并将直线 a 移至"中心线"图层，效果如图 10-27 所示。

图 10-27　绘制中心线与基准线

（4）执行 OFFSET 命令，将直线 a 分别向上和向下各偏移 5；重复执行 OFFSET 命令，将直线 a 分别向上和向下各偏移 8、10、12.5、15，将直线 b 向右分别偏移 50、85、88、118，并将偏移的直线移至 0 图层，效果如图 10-28 所示。

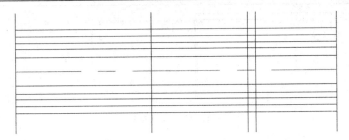

图 10-28　偏移处理

（5）执行 TRIM 命令，修剪图形，效果如图 10-29 所示。

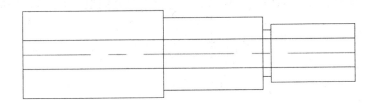

图 10-29　修剪处理

（6）执行 OFFSET 命令，将箭头所指直线向右分别偏移 10、25，效果如图 10-30 所示。

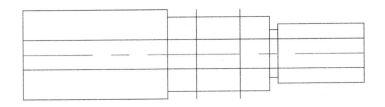

图 10-30　偏移直线

（7）执行 CIRCLE 命令，捕捉箭头所指直线与直线 a 的交点为圆心，绘制两个半径为 5 的圆，效果如图 10-31 所示。

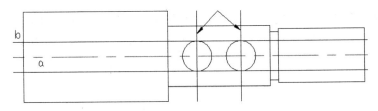

图 10-31　绘制圆

（8）执行 TRIM 命令，修剪图形；执行 ERASE 命令，删除辅助线，效果如图 10-32 所示。

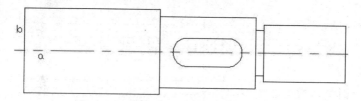

图 10-32　修剪处理

（9）执行 OFFSET 命令，将直线 b 向右分别偏移 20、25、30、103；将箭头所指直线移至"中心线"图层，将直线 b 偏移后的另外两条直线移至"虚线"图层，效果如图 10-33 所示。

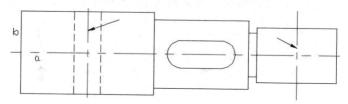

图 10-33　偏移直线 b

（10）执行 CIRCLE 命令，以直线 a 与箭头所指直线的交点为圆心，绘制半径为 2 的圆，效果如图 10-34 所示。

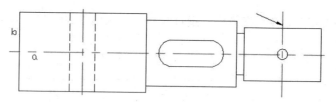

图 10-34　绘制圆

（11）执行 OFFSET 命令，将直线 b 向右偏移 2，将箭头所指直线向左偏移 1.5，将直线 a 分别向上和向下各偏移 8.5，并将其移至 0 图层；执行 TRIM 命令，对图形进行修剪，效果如图 10-35 所示。

（12）执行 CHAMFER 命令，设置倒角距离为 2，分别选择直线 b 与相邻两条直线，对其形成的夹角进行倒角处理；重复执行倒角命令，设置倒角距离为 1.5，效果如图 10-36 所示。

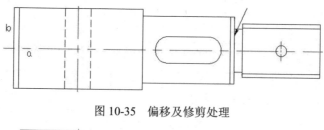

图 10-35　偏移及修剪处理

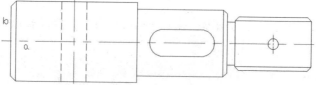

图 10-36　倒角处理

10.6　钥匙

本实例绘制钥匙，效果如图 10-37 所示。

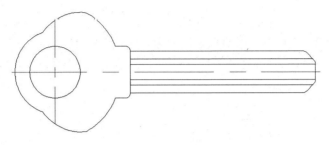

图 10-37　钥匙

▶操作步骤 ▶▶▶▶▶▶

（1）单击"菜单浏览器"按钮 ，在弹出的下拉菜单中单击 "新建"命令，新建一个 CAD 文件。

（2）执行 LAYER 命令，新建一个"中心线"图层，设置其"线型"为 CENTER、"颜色"为红色。

（3）按【F8】键开启正交模式，执行 LINE 命令，在绘图窗口中绘制一条水平直线 a；重复执行 LINE 命令，绘制一条垂直于该水平直线的直线 b，且将绘制的两条直线移至"中心线"图层，效果如图 10-38 所示。

（4）执行 OFFSET 命令，将直线 b 向右偏移 5，效果如图 10-39 所示。

图 10-38　绘制中心线　　　　　　　　图 10-39　偏移处理

（5）执行 ELLIPSE 命令，捕捉直线 a 与偏移的直线的交点为中心点，设置短半轴（水平方向）长度为 10、长半轴（垂直方向）长度为 11.5，绘制椭圆，并将该椭圆移至 0 图层，效果如图 10-40 所示。

（6）在命令行中输入 CIRCLE 命令，捕捉直线 a 和直线 b 的交点为圆心，绘制半径分别为 5、8、13 的同心圆，并将其移至 0 图层，效果如图 10-41 所示。

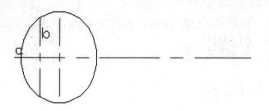
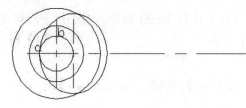

图 10-40　绘制椭圆 　　　　　　　　　　　　　图 10-41　绘制同心圆

（7）执行 TRIM 命令，对图形进行修剪，效果如图 10-42 所示。

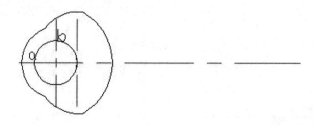

图 10-42　修剪处理

（8）执行 OFFSET 命令，将直线 a 分别向上和向下各偏移 1.5、2.5、4、5，将直线 b 向右分别偏移 12、15、52，并将偏移的直线移至 0 图层，效果如图 10-43 所示。

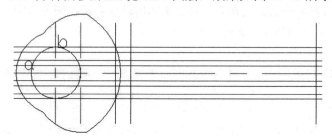

图 10-43　偏移处理

（9）执行 TRIM 命令，对图形进行修剪，效果如图 10-44 所示。

（10）执行 CHAMFER 命令，分别选择右侧的垂直线和与其相邻的两条水平线，对钥匙右侧的角进行倒角操作；执行 FILLET 命令，设置圆角半径为 1，在图形尖角的位置倒圆角，效果如图 10-45 所示。

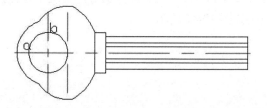
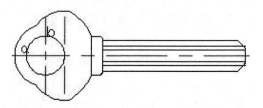

图 10-44　修剪处理 　　　　　　　　　　　　　图 10-45　倒角处理

（11）执行 TRIM 命令，对图形进行修剪；执行 ERASE 命令，删除辅助线，效果如图 10-37 所示。

10.7 方向盘

本实例绘制方向盘，效果如图 10-46 所示。

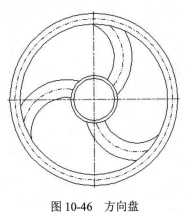

图 10-46 方向盘

▶操作步骤 ⟫⟫⟫⟫⟫⟫

（1）单击"菜单浏览器"按钮 ，在弹出的下拉菜单中单击 "新建"命令，新建一个 CAD 文件。

（2）执行 LAYER 命令，新建一个"中心线"图层，设置其"线型"为 CENTER、"颜色"为红色。

（3）按【F8】键开启正交模式，执行 LINE 命令，在绘图窗口中绘制一条水平直线 a，再绘制一条垂直于该直线的直线 b，将绘制的直线移至"中心线"图层，效果如图 10-47 所示。

（4）执行 CIRCLE 命令，以两直线的交点 A 为圆心，绘制半径分别为 70、80、270 的同心圆，并将其移至 0 图层，效果如图 10-48 所示。

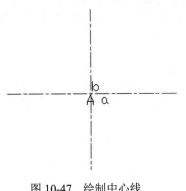

图 10-47 绘制中心线

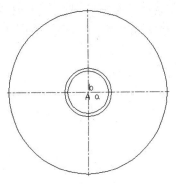

图 10-48 绘制同心圆

（5）执行 OFFSET 命令，将直线 a 向上偏移 140，将直线 b 向左偏移 50，将半径为 270 的圆分别向外和向内偏移 18，并将半径为 270 的圆的"线型"改为 DIVIDE，效果如图 10-49 所示。

（6）执行 CIRCLE 命令，以直线 c 和直线 d 的交点 B 为圆心，绘制半径分别为 120、150、180 的同心圆，然后将半径为 150 的圆的"线型"改为 DIVIDE，如图 10-50 所示。

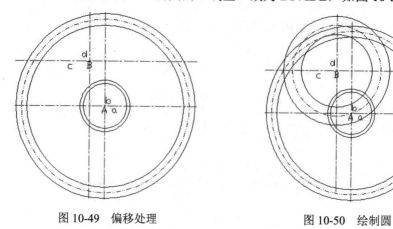

图 10-49　偏移处理　　　　　　　　　　图 10-50　绘制圆

（7）执行 TRIM 命令，对图形进行修剪，效果如图 10-51 所示。

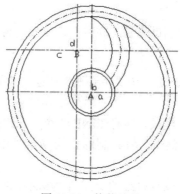

图 10-51　修剪处理

（8）执行 ARRAY 命令，选择对象，输入阵列类型选择"极轴"，在功能区"阵列创建"选项板中输入项目数为 3,效果如图 10-52 所示。

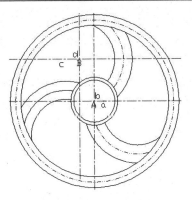

图 10-52　环形阵列

（9）执行 ERASE 命令，删除辅助线，效果如图 10-46 所示。

10.8　大链轮

本实例绘制大链轮，效果如图 10-53 所示。

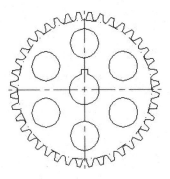

图 10-53　大链轮

▶操作步骤 ≫≫≫≫≫

（1）单击"菜单浏览器"按钮，在弹出的下拉菜单中单击 "新建"命令，新建一个 CAD 文件。

（2）执行 LAYER 命令，新建一个"中心线"图层，设置其"线型"为 CENTER、"颜色"为红色。

（3）按【F8】键开启正交模式，执行 LINE 命令，在绘图窗口中绘制两条互相垂直的直线 a 与直线 b，并将其移到"中心线"图层，效果如图 10-54 所示。

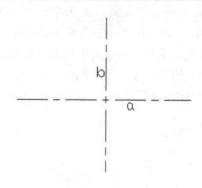

图 10-54　绘制中心线

（4）执行 CIRCLE 命令，以 A 点为圆心，绘制半径分别为 20、60、90、100 的同心圆，并将半径为 90 的圆的"线型"更改为 DIVIDE，效果如图 10-55 所示。

（5）执行 OFFSET 命令，将直线 a 向上偏移 93，效果如图 10-56 所示。

（6）执行 ROTATE 命令，选择向上偏移的直线，捕捉 B 点为基点，将其旋转 69 度，并将旋转后的直线移至 0 图层，效果如图 10-57 所示。

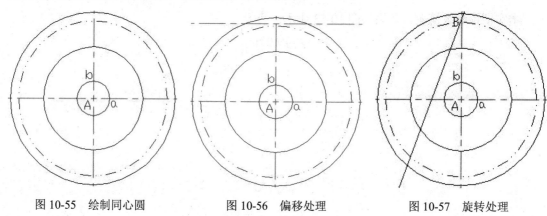

图 10-55　绘制同心圆　　　　　　图 10-56　偏移处理　　　　　　图 10-57　旋转处理

（7）执行 CIRCLE 命令，以 B 点为圆心，绘制半径为 3 的圆；执行 OFFSET 命令，将旋转的直线向右偏移 3，效果如图 10-58 所示。

（8）执行 TRIM 命令，对图形进行修剪，效果如图 10-59 所示。

（9）执行 MIRROR 命令，以直线 b 为中心线，选择需要镜像的图形，对其进行镜像操作，并删除旋转的直线，效果如图 10-60 所示。

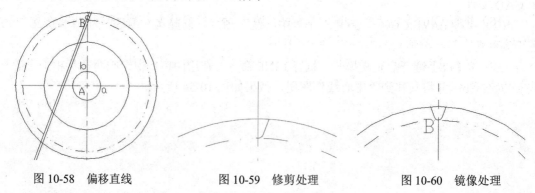

图 10-58　偏移直线　　　　　　图 10-59　修剪处理　　　　　　图 10-60　镜像处理

（10）执行 ARRAYPOLAR 命令，选择圆心 A 为中心点，功能区将弹出"阵列创建"选项板，在"项目数"文本框中输入 40，在"填充"文本框中输入 360。

（11）单击"选择对象"按钮，选择需要阵列的对象，按【Enter】键确认；单击"拾取中心点"按钮，捕捉直线 a 与直线 b 的交点为中点，单击"确定"按钮，效果如图 10-61 所示。

（12）执行 TRIM 命令，对图形进行修剪，效果如图 10-62 所示。

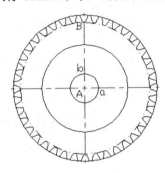

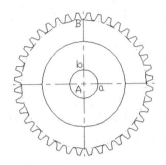

图 10-61　环形阵列　　　　　　　　　　图 10-62　修剪处理

（13）执行 CIRCLE 命令，以半径为 60 的圆与直线 b 的交点为圆心，绘制半径为 19 的圆，效果如图 10-63 所示。

（14）执行 ARRAY 命令，选择半径为 19 的圆，以 A 点为中心点，环形阵列 6 个圆，效果如图 10-64 所示。

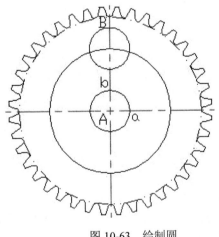

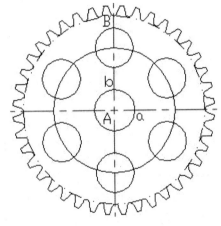

图 10-63　绘制圆　　　　　　　　　　图 10-64　环形阵列

（15）执行 OFFSET 命令，将直线 a 向上偏移 26，将直线 b 分别向左和向右偏移 4.5，将偏移直线移至 0 图层，效果如图 10-65 所示。

（16）执行 TRIM 命令，对图形进行修剪；执行 ERASE 命令，删除多余的图形，效果如图 10-66 所示。

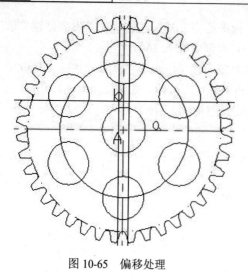

图 10-65　偏移处理　　　　　　　　　　图 10-66　修剪、删除处理

10.9　支座

本实例绘制支座，效果如图 10-67 所示。

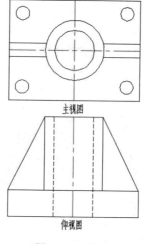

主视图

仰视图

图 10-67　支座

▶操作步骤 >>>>>>>

（1）单击"菜单浏览器"按钮，在弹出的下拉菜单中单击"新建"命令，新建一个 CAD 文件。

（2）执行 LAYER 命令，新建一个"中心线"图层，设置其"线型"为 CENTER、"颜色"为红色；新建一个"虚线"图层，设置其"线型"为 HIDDEN、"颜色"为白色。

（3）执行 RECTANG 命令，在绘图窗口中指定第一个角点，在命令行中输入（@200，

150）作为矩形另一角点，效果如图 10-68 所示。

（4）按【F8】键开启正交模式，执行 LINE 命令，捕捉矩形两垂直线的中点绘制直线 a，捕捉矩形两水平线的中点绘制直线 b，并将两直线移至"中心线"图层；执行 OFFSET 命令，将直线 b 向下偏移 250，将其移至 0 图层，效果如图 10-69 所示。

（5）执行 EXTEND 命令，选择直线 c，然后选择直线 b 的下半部分，延伸直线 b；执行 CIRCLE 命令，以 E 点为圆心，绘制半径分别为 30、45 的同心圆，效果如图 10-70 所示。

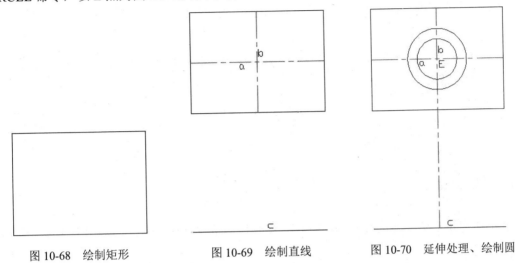

图 10-68　绘制矩形　　　　　　　图 10-69　绘制直线　　　　　　图 10-70　延伸处理、绘制圆

（6）执行 OFFSET 命令，将直线 a 分别向上和向下各偏移 10，将直线 b 分别向左和向右各偏移 30、45、100，将直线 c 向上分别偏移 40、150，将矩形向内偏移 20；将偏移 30 的直线移至"虚线"图层，将其余偏移的直线移至 0 图层，效果如图 10-71 所示。

（7）执行 CIRCLE 命令，以偏移矩形的 4 个顶点为圆心，分别绘制半径为 10 的圆，效果如图 10-72 所示。

（8）执行 LINE 命令，绘制连接点 A、B 和点 C、D 的直线，效果如图 10-73 所示。

（9）执行 TRIM 命令，对图形进行修剪；执行 ERASE 命令，删除多余的直线，效果如图 10-68 所示。

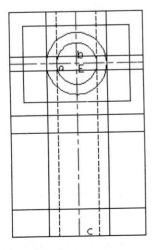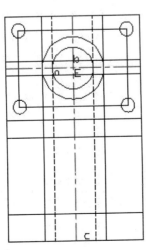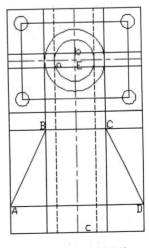

图 10-71　偏移处理　　　　　　　图 10-72　绘制圆　　　　　　　　图 10-73　绘制直线

10.10　机座

本实例绘制机座，效果如图 10-74 所示。

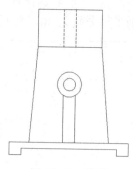

图 10-74　机座

▶操作步骤 >>>>>>>>

（1）单击"菜单浏览器"按钮，在弹出的下拉菜单中单击 "新建"命令，新建一个 CAD 文件。

（2）执行 LAYER 命令，新建一个"中心线"图层，设置其"线型"为 CENTER、"颜色"为红色；新建一个"虚线"图层，设置其"线型"为 HIDDEN、"颜色"为白色。

（3）按【F8】键开启正交模式，执行 LINE 命令，在绘图窗口中绘制一条长度为 300 的水平直线 a，以直线 a 的中点为起点向上绘制长度为 350 的直线 b，效果如图 10-75 所示。

（4）执行 OFFSET 命令，将直线 a 向上分别偏移 15、30、260、350，将直线 b 分别向左和向右各偏移 80、100、120、150，并将偏移 15 的直线移至"虚线"图层，效果如图 10-76 所示。

（5）执行 LINE 命令，绘制连接点 A、B 和点 C、D 的直线，效果如图 10-77 所示。

（6）执行 TRIM 命令，对图形进行修剪，效果如图 10-78 所示。

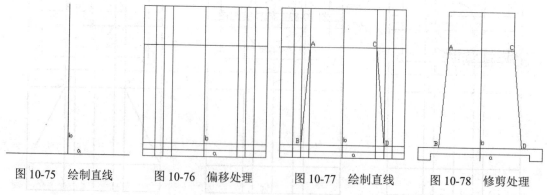

图 10-75　绘制直线　　　　图 10-76　偏移处理　　　　图 10-77　绘制直线　　　　图 10-78　修剪处理

（7）执行 OFFSET 命令，将线段 AC 向下偏移 80，将直线 b 向左和向右分别偏移 15，并将偏移 15 的直线移至"虚线"图层，效果如图 10-79 所示。

（8）执行 CIRCLE 命令，以点 E 为圆心，绘制半径分别为 15、30 的同心圆，效果如图 10-80 所示。

（9）执行 TRIM 命令，对图形进行修剪，将箭头所指的直线移至 0 图层，效果如图 10-81 所示。

（10）执行 ERASE 命令，删除多余的直线，效果如图 10-82 所示。

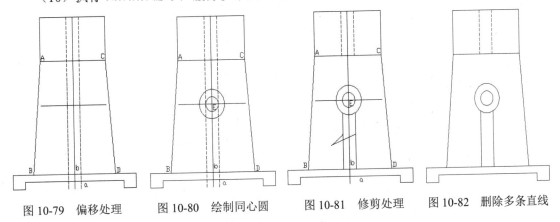

图 10-79　偏移处理　　　图 10-80　绘制同心圆　　　图 10-81　修剪处理　　　图 10-82　删除多条直线

10.11　箱体装配图

本实例绘制箱体装配图，效果如图 10-83 所示。

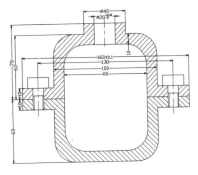

图 10-83　箱体装配图

▶操作步骤 ≫≫≫≫

（1）单击"菜单浏览器"按钮 ，在弹出的下拉菜单中单击 "新建"命令，新建一个 CAD 文件。

（2）执行 LAYER 命令，新建一个"中心线"图层，设置其"线型"为 CENTER、"颜色"为红色。

（3）单击"注释"选项卡，在"标注"选项板中单击"标注样式"按钮，新建一个标注样式，分别设置"线"选项卡中的"基线间距"为1、"符号和箭头"选项卡中的"箭头大小"为2、"文字"选项卡中的"文字高度"为3、"公差"选项卡中的"方式"为"对称"，"高度比例"为0.6。

（4）执行 INSERT 命令，弹出"插入"对话框，单击"浏览"按钮，在弹出的对话框中选择素材文件，单击"打开"按钮，然后单击"确定"按钮，在绘图窗口中任意位置单击鼠标左键，导入一幅素材图形，效果如图 10-84 所示。

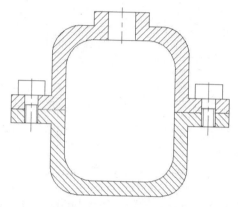

图 10-84　导入的素材图形

（5）单击"注释"选项卡，在"标注"选项板中单击"线性"按钮，标注图形，效果如图 10-85 所示。

（6）执行 ED 命令，选择线性标注 40，弹出"文字格式"对话框，输入%%c40，单击"确定"按钮；重复执行 ED 命令，设置线性标注 20 为%%c20，效果如图 10-86 所示。

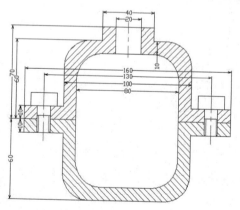

图 10-85　线性标注

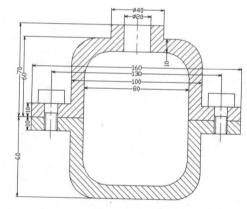

图 10-86　编辑标注

（7）选择线性标注 160，单击"注释"选项卡，单击"标注样式"按钮，弹出"标注样式管理器"对话框，单击"修改"按钮，在"公差"选 POINT 项卡中，设置"方式"为"对称"，在"下偏差"数值框中输入数值 0.1，设置公差文字"高度比例"为 0.8；重复此操作，标注其余尺寸，效果如图 10-83 所示。

10.12　套筒轴测图

本实例绘制套筒轴测图，效果如图 10-87 所示。

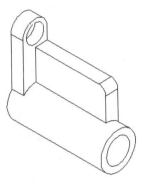

图 10-87　套筒轴测图

▶操作步骤 ﹥﹥﹥﹥﹥﹥﹥

（1）单击"菜单浏览器"按钮，在弹出的下拉菜单中单击 "新建"命令，新建一个 CAD 文件。

（2）执行 LAYER 命令，新建一个"中心线"图层，设置其"线型"为 CENTER、"颜色"为红色。

（3）单击状态栏"捕捉设置"按钮，弹出"草图设置"对话框，选中"启用捕捉"复选框，在"捕捉类型"中选择"栅格捕捉"，选中"等轴测捕捉"复选框，单击"确定"按钮。

（4）按【F8】键开启正交模式，按【F5】键"等轴测平面　俯视"，执行 LINE 命令，在绘图窗口中指定起点，绘制一条水平直线 a，再绘制一条垂直于该直线的直线 b；按【F5】键"等轴测平面　右视"，以直线 a、b 的交点为起点，向上绘制长度为 50 的直线 c，将绘制的直线移至"中心线"图层，效果如图 10-88 所示。

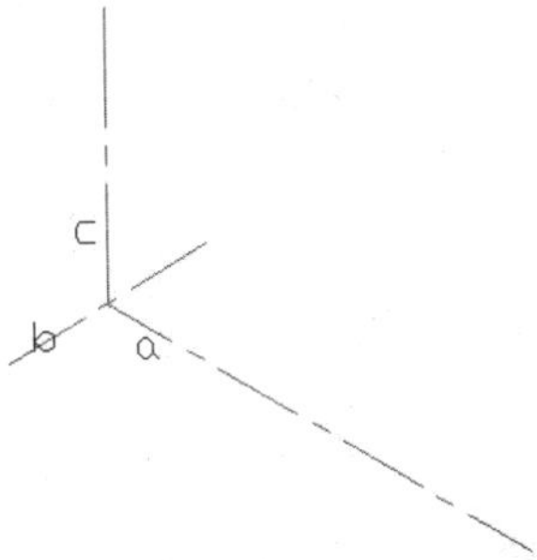

图 10-88　绘制直线

（5）执行 ELLIPSE 命令，以直线 a、b 的交点为圆心，绘制半径分别为 10 和 15 的同心圆，效果如图 10-89 所示。

（6）执行 COPY 命令，按【F5】键"等轴测平面　俯视"，将绘制的同心圆向下复制 80；执行 LINE 命令，绘制连接两个大圆象限点 A 和 A1、B 和 B1 的直线，效果如图 10-90 所示。

（7）执行 COPY 命令，将直线 c 向左和向右分别复制 10.5，将复制的直线移至 0 层；按【F5】键"等轴测平面　右视"，将直线 b 向上复制 50，效果如图 10-91 所示。

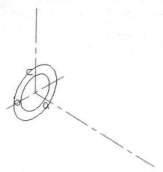

图 10-89　绘制同心圆

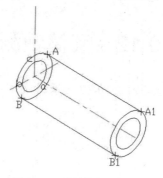

图 10-90　复制圆、绘制直线

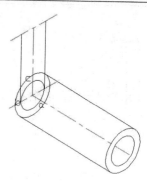

图 10-91　复制处理

（8）执行 ELLIPSE 命令，以直线 b 的复制直线与直线 c 的交点为圆心，绘制半径分别为 7.5、10.5 的同心圆，效果如图 10-92 所示。

（9）执行 COPY 命令，按【F5】键"等轴测平面 俯视"，将绘制的半径分别为 7.5、10.5、15 的同心圆与复制的直线向下复制 10，效果如图 10-93 所示。

（10）执行 TRIM 命令，对图形进行修剪；执行 LINE 命令，绘制连接点 C 和 C1 的直线，效果如图 10-94 所示。

（11）执行 LINE 命令，按【F5】键"等轴测平面 左视"，以箭头所指圆的圆心为起点，向右绘制长为 80 的直线 b2、向下绘制长为 40 的直线 c1，效果如图 10-95 所示。

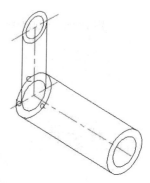

图 10-92　绘制同心圆

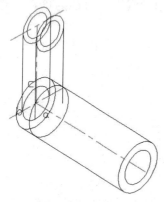

图 10-93　复制处理

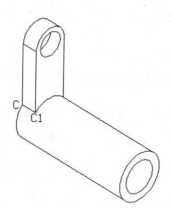

图 10-94　修剪处理、绘制直线

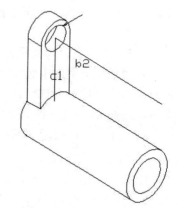

图 10-95　绘制直线

（12）执行 COPY 命令，将直线 b2 向下复制 10；按【F5】键"等轴测平面 俯视"，将该直线向右复制 10.5，将箭头所指的图形向下复制 60，效果如图 10-96 所示。

（13）执行 LINE 命令，绘制连接交点 D 和 D1、E 和 E1、F 和 F1 的直线，效果如图 10-97 所示。

（14）分别执行 TRIM 命令和 ERASE 命令，对图形进行修剪和删除；执行 FILLET 命令，对图形倒半径为 10 的圆角，效果如图 10-98 所示。

（15）执行 LINE 命令，绘制连接倒圆角对应端点的直线，效果如图 10-87 所示。

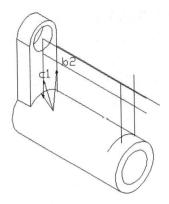

图 10-96　复制处理

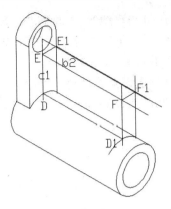

图 10-97　绘制直线

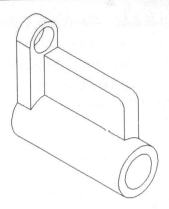

图 10-98　修剪、删除处理

10.13　底座轴测图

本实例绘制底座轴测图，效果如图 10-99 所示。

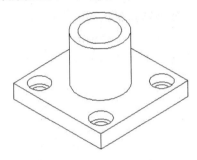

图 10-99　底座轴测图

▶ 操作步骤 ▶▶▶▶▶▶

（1）单击"菜单浏览器"按钮 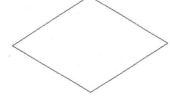，在弹出的下拉菜单中单击 "新建"命令，新建一个 CAD 文件。

（2）单击状态栏"捕捉设置"按钮，弹出"草图设置"对话框，选中"启用捕捉"复选框，在"捕捉类型"中选择"栅格捕捉"，选中"等轴测捕捉"复选框，单击"确定"按钮。

（3）按【F8】键开启正交模式，按【F5】键"等轴测平面俯视"，执行 LINE 命令，在绘图窗口中指定起点，引导光标向下，输入数值 100，引导光标向左，输入数值 100，引导光标向右，输入数值 100，在命令行中输入 C 封闭图形，效果如图 10-100 所示。

图 10-100　绘制封闭图形

（4）执行 COPY 命令，将直线 a、b 分别向上复制 50，按【F5】键"等轴测平面 右视"，将直线 a、b 分别向下复制 15；执行 LINE 命令，分别绘制连接点 A 和 A1、B 和 B1、C 和

C1 的直线，绘制直线连接直线 a、d 与直线 b、c 的中点，效果如图 10-101 所示。

（5）执行 ELLIPSE 命令，按【F5】键"等轴测平面 俯视"，以交点 O 为圆心，绘制半径分别为 17.5、25 的同心圆，效果如图 10-102 所示。

（6）执行 COPY 命令，按【F5】键"等轴测平面 右视"，将绘制的同心圆向上复制 50；执行 LINE 命令，分别绘制连接象限点 D 和 D1、E 和 E1 的直线，效果如图 10-103 所示。

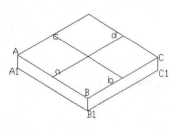

图 10-101　复制处理、绘制直线

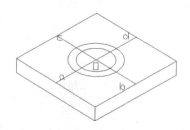

图 10-102　绘制同心圆

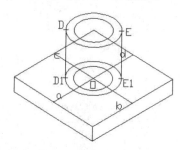

图 10-103　复制处理、绘制直线

（7）执行 COPY 命令，按【F5】键"等轴测平面 俯视"，分别将直线 a 向右复制 15、直线 b 向上复制 15、直线 c 向下复制 15、直线 d 向左复制 15，效果如图 10-104 所示。

（8）执行 ELLIPSE 命令，分别以复制直线的交点为圆心，绘制半径分别为 6.5、10 的同心圆，效果如图 10-105 所示。

（9）执行 COPY 命令，按【F5】键"等轴测平面 右视"，将绘制的同心圆向下复制 8，效果如图 10-106 所示。

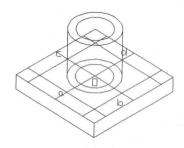

图 10-104　复制处理

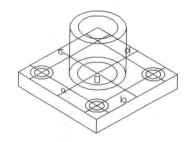

图 10-105　绘制同心圆

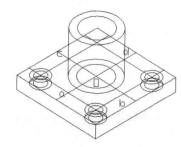

图 10-106　复制处理

（10）分别执行 TRIM 命令和 ERASE 命令，对图形进行修剪和删除处理，效果如图 10-99 所示。

10.14　木门

本实例绘制木门，效果如图 10-107 所示。

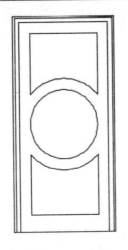

图 10-107　木门

▶操作步骤 》》》》》》 ————————

（1）单击"菜单浏览器"按钮▲▼，在弹出的下拉菜单中单击 "新建"命令，新建一个 CAD 文件。

（2）执行 RECTANG 命令，在绘图窗口中指定第一个角点，并以（@1200，2500）为另一个角点，绘制矩形，效果如图 10-108 所示。

（3）执行 OFFSET 命令，将绘制的矩形向内偏移 20；重复此操作，将偏移的矩形再向内偏移 50，效果如图 10-109 所示。

（4）执行 TRIM 命令，对矩形进行修剪，效果如图 10-110 所示。

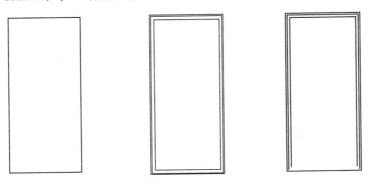

图 10-108　绘制矩形　　　　图 10-109　偏移处理　　　　图 10-110　修剪处理

（5）执行 EXTEND 命令，以最下方线段为边界，对四条线段进行延伸，效果如图 10-111 所示。

（6）执行 OFFSET 命令，将绘制的矩形向内偏移 200；执行 CIRCLE 命令，以偏移的矩形两条边的中点的交点为圆心，绘制一个半径为 530 的圆，执行 OFFSET 命令，将绘制的圆向内偏移 130；效果如图 10-112 所示。

（7）执行 TRIM 命令，对图形进行修剪，效果如图 10-107 所示。

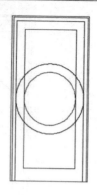

图 10-111　延伸处理　　　　图 10-112　绘制圆

10.15　茶几

本实例绘制茶几，效果如图 10-113 所示。

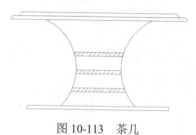

图 10-113　茶几

▶操作步骤 ▷▷▷▷▷▷▷

（1）单击"菜单浏览器"按钮，在弹出的下拉菜单中单击"新建"命令，新建一个 CAD 文件。

（2）执行 RECTANG 命令，以（200，200）为第一个角点，以（@800，20）为另一个角点绘制最下方的矩形；重复此操作，以（100，700）为第一个角点，以（@1000，20）为另一个角点绘制第二个矩形；以（150，720）为第一个角点，以（@900，20）为另一个角点绘制第三个矩形，效果如图 10-114 所示。

（3）执行 POINT 命令，分别在（300，700）、（370，220）处绘制点，效果如图 10-115 所示。

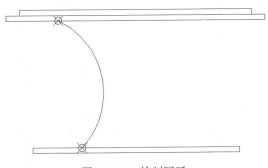

图 10-114　绘制矩形

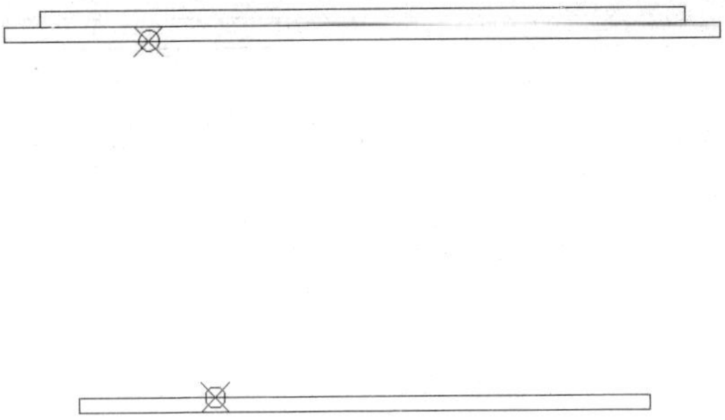

图 10-115　绘制点

（4）执行 ARC 命令，以下方点为圆弧的起点，以（450，480）为第二端点，以上方点为圆弧的端点，效果如图 10-116 所示。

（5）执行 ERASE 命令删除点，效果如图 10-117 所示。

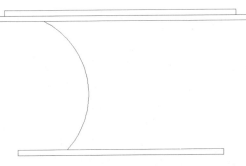

图 10-116　绘制圆弧

图 10-117　删除点

（6）执行 MIRROR 命令，对圆弧进行镜像，效果如图 10-118 所示。

（7）执行 COPY 命令，以最左下方点为基点，对下方矩形进行复制，其位移值分别为100、200、300，效果如图 10-119 所示。

（8）执行 TRIM 命令，对矩形进行修剪，效果如图 10-120 所示。

（9）执行 BHATCH 命令，在功能区弹出"图案填充创建"选项板，在选项板中单击"图案"中的"ANSI35"选项，在"比例"下拉列表框中输入 5。选择要填充的区域，按回车键确定，效果如图 10-121 所示。

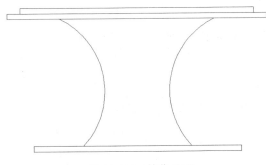

图 10-118　镜像处理

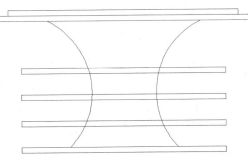

图 10-119　复制矩形

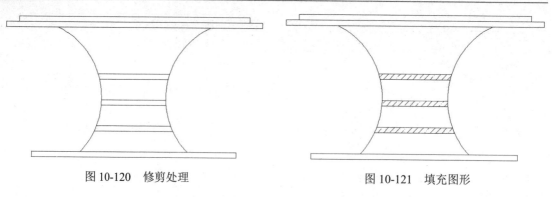

图 10-120　修剪处理　　　　　　　图 10-121　填充图形

（10）执行 FILLET 命令，设置圆角半径为 20，对上方两个矩形进行圆角处理，效果如图 10-113 所示。

10.16　梳妆台

本实例绘制梳妆台，效果如图 10-122 所示。

图 10-122　梳妆台

▶ 操作步骤 ﹥﹥﹥﹥﹥﹥

（1）单击"菜单浏览器"按钮，在弹出的下拉菜单中单击"新建"命令，新建一个 CAD 文件。

（2）执行 RECTANG 命令，以（500，500）为第一个角点，以（@800，20）为另一个角点绘制矩形；以（500，500）为第一个角点，以（@200，-600）为另一个角点绘制矩形；以（1300，500）为第一个角点，以（@-20，-600）为另一个角点绘制矩形，效果如图 10-123 所示。

（3）执行 LINE 命令，以（500，400）为起点，水平向右并输入 200，绘制直线。

（4）执行 OFFSET 命令，将直线向下偏移 20，重复此操作，将偏移的直线继续向下依次偏移 100、20、100、20、100、20，效果如图 10-124 所示。

（5）执行 CIRCLE 命令，以（600，450）为圆心，分别绘制半径为 10 和 8 的同心圆。

（6）执行 COPY 命令，以圆心为基点将所绘制的圆向下复制到 120，240，360 三个点，效果如图 10-125 所示。

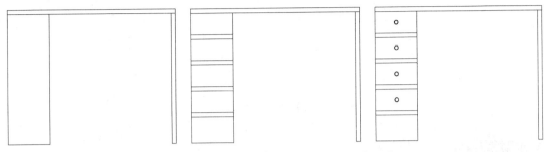

图 10-123　绘制矩形　　　　　　图 10-124　偏移处理　　　　　　图 10-125　复制圆

（7）执行 ARC 命令，以（800，900）为第一点，以（1000，1000）为第二点，以（1300，900）为第三点绘制圆弧，效果如图 10-126 所示。

（8）执行 LINE 命令，以圆弧的起点为第一点，以（840，520）为第二点绘制直线；重复此操作，以圆弧的端点为第一点，以（1260，520）为第二点绘制直线，效果如图 10-127 所示。

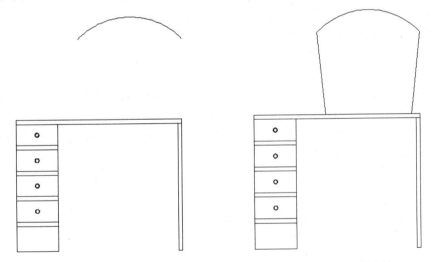

图 10-126　绘制圆弧　　　　　　　　　图 10-127　绘制直线

（9）执行 OFFSET 命令，将扇形的镜子向内偏移 20。

（10）执行 TRIM 命令，对扇形的镜子进行修剪，效果如图 10-122 所示。

10.17　插座

本实例绘制插座，效果如图 10-128 所示。

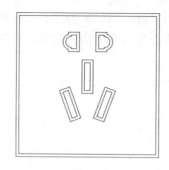

图 10-128　插座

◆操作步骤 >>>>>>>

（1）单击"菜单浏览器"按钮，在弹出的下拉菜单中单击 "新建"命令，新建一个 CAD 文件。

（2）执行 RECTANG 命令，以（800，800）为第一个角点，以（@500，500）为另一个角点绘制矩形，效果如图 10-129 所示。

（3）重复执行 RECTANG 命令，以（1010，1230）为第一个角点，以（@-20，-50）为另一个角点绘制矩形；以（1040，1110）为第一个角点，以（@20，-100）为另一个角点绘制矩形；以点（960，1030）为第一个角点，以（@20，-100）为另一个角点绘制矩形，效果如图 10-130 所示。

图 10-129　绘制矩形

（4）执行 ROTATE 命令，选择下方矩形的右上角为基点，设置旋转角度为 20，对矩形进行旋转，效果如图 10-131 所示。

（5）执行 CIRCLE 命令，以（990，1225）为圆的起点，以（990，1185）为圆的另一点，绘制圆，效果如图 10-132 所示。

　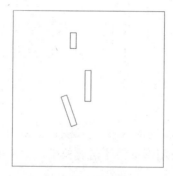　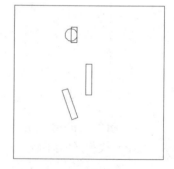

图 10-130　绘制其他矩形　　　　图 10-131　旋转处理　　　　图 10-132　绘制圆

（6）执行 TRIM 命令，对图形进行修剪，效果如图 10-133 所示。

（7）执行 MIRROR 命令，对图形进行镜像，效果如图 10-134 所示。

（8）执行 OFFSET 命令，将图形向外偏移 10，效果如图 10-135 所示。

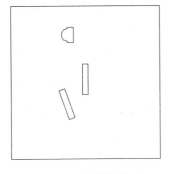

图 10-133　修剪处理

图 10-134　镜像处理

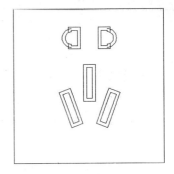

图 10-135　偏移处理

（9）执行 TRIM 命令，对图形进行修剪，效果如图 10-128 所示。

10.18　电视柜

本实例绘制电视柜，效果如图 10-136 所示。

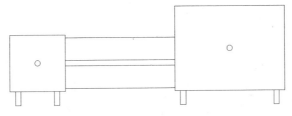

图 10-136　电视柜

操作步骤 >>>>>>>

（1）单击"菜单浏览器"按钮，在弹出的下拉菜单中单击 "新建"命令，新建一个 CAD 文件。

（2）执行 RECTANG 命令，以（800，800）为第一个角点，以（@100，100）为另一个角点绘制矩形；以（900，895）为第一个角点，以（@200，-40）为另一个角点绘制矩形；以（900，845）为第一个角点，以（@200，-40）为另一个角点绘制矩形；以（1100，950）为第一个角点，以（@200，-150）为另一个角点绘制矩形，效果如图 10-137 所示。

（3）执行 LINE 命令，以（810，800）为起点，然后垂直向下并输入 25，绘制直线。

（4）执行 OFFSET 命令，将绘制的直线向右依次偏移 10、70、80、300、310、470、480，效果如图 10-138 所示。

（5）执行 LINE 命令，以（810，775）和（1290，775）为直线的第一点和第二点绘制直线，效果如图 10-139 所示。

（6）执行 TRIM 命令，对图形进行修剪，效果如图 10-140 所示。

（7）执行 CIRCLE 命令，以（850，850）为圆心，绘制半径为 5 的圆；重复此操作，以（1200，875）为圆心，绘制半径为 5 的圆，效果如图 10-136 所示。

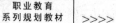
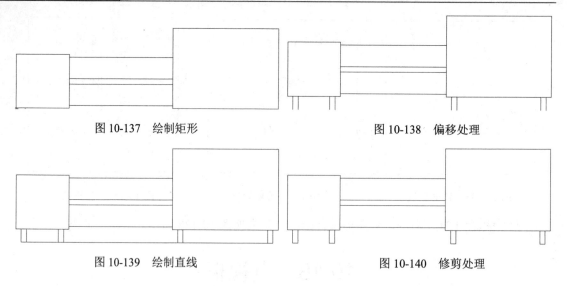

图 10-137　绘制矩形　　　　　　　　　　　图 10-138　偏移处理

图 10-139　绘制直线　　　　　　　　　　　图 10-140　修剪处理

10.19　天然气灶

本实例绘制天然气灶，效果如图 10-141 所示。

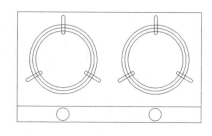

图 10-141　天然气灶

▶操作步骤 ≫≫≫≫≫

（1）单击"菜单浏览器"按钮 ，在弹出的下拉菜单中单击 "新建"命令，新建一个 CAD 文件。

（2）执行 RECTANG 命令，以（800，800）为第一个角点，以（@600，350）为另一个角点绘制矩形。

（3）执行 CIRCLE 命令，以（950，1000）为圆心，绘制半径为 110 的圆，效果如图 10-142 所示。

（4）执行 OFFSET 命令，将圆向内依次偏移 10、20，效果如图 10-143 所示。

（5）执行 RECTANG 命令，以（945，1140）为第一个角点，以（@10，-60）为另一个角点绘制矩形，效果如图 10-144 所示。

（6）执行 FILLET 命令，设置圆角半径为 5，对图形进行圆角处理，效果如图 10-145 所示。

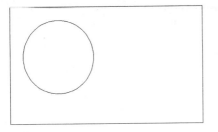

图 10-142　绘制圆

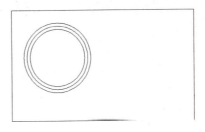

图 10-143　偏移处理

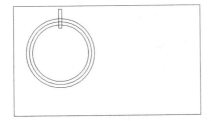

图 10-144　绘制矩形

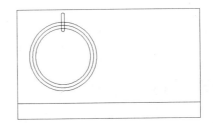

图 10-145　圆角处理

（7）执行 ARRAYPOLAR 命令，选择对象，以（950，1000）为中心点，功能区将弹出"阵列创建"选项板，在"项目数"文本框中输入 3，在"填充"文本框中输入 360；阵列对象，效果如图 10-146 所示。

（8）执行 EXPLODE 命令，选择外侧矩形，对矩形进行分解。

（9）执行 OFFSET 命令，将矩形下方的边向上偏移 50，效果如图 10-147 所示。

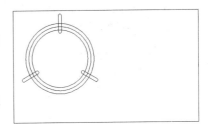

图 10-146　阵列处理

（10）执行 CIRCLE 命令，以（950，825）为圆心，绘制半径为 20 的圆，效果如图 10-148 所示。

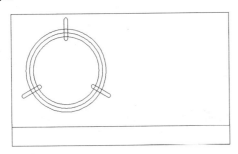

图 10-147　偏移处理

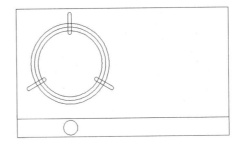

图 10-148　绘制圆

（11）执行 MIRROR 命令，对图形进行镜像，效果如图 10-141 所示。

10.20　抽水马桶

本实例绘制抽水马桶，效果如图 10-149 所示。

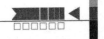

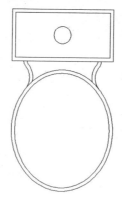

图 10-149　抽水马桶

操作步骤 >>>>>>>

（1）单击"菜单浏览器"按钮，在弹出的下拉菜单中单击"新建"命令，新建一个 CAD 文件。

（2）执行 RECTANG 命令，以（500，480）为第一个角点，以（@300，150）为另一个角点绘制矩形。

（3）执行 ELLIPSE 命令，以（650，455）为轴的端点，引导光标垂直向下并输入 350，水平方向输入 150，绘制椭圆，效果如图 10-150 所示。

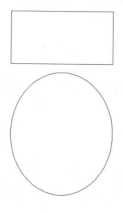

图 10-150　绘制椭圆

（4）执行 CIRCLE 命令，分别以（560，480）和（740，480）为圆心，绘制半径为 25 的圆，效果如图 10-151 所示。

（5）执行 FILLET 命令，设置圆角半径为 50，选择左侧的小圆作为第一个对象，以椭圆作为第二个对象，进行圆角处理；参照此操作，对右侧的圆进行圆角处理，效果如图 10-152 所示。

（6）执行 OFFSET 命令，将所有图形向内偏移 10，效果如图 10-153 所示。

（7）执行 TRIM 命令，对图形进行修剪，效果如图 10-154 所示。

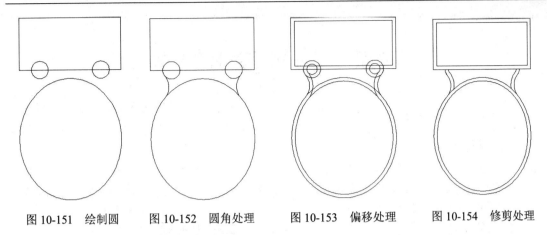

图 10-151　绘制圆　　　图 10-152　圆角处理　　　图 10-153　偏移处理　　　图 10-154　修剪处理

（8）执行 CIRCLE 命令，以（650，555）为圆心，绘制半径为 25 的圆，效果如图 10-149 所示。

附录 习题参考答案

第1章

一、填空题

1. 防止用户绘制的图形超出可视区域

2. 开/关图层 冻结/解冻 锁定/解锁

3. 颜色 线型 线宽

二、思考题

（略）

三、上机操作

（略）

第2章

一、填空题

1. "菜单浏览器"按钮，在弹出的下拉菜单中单击"格式"|"点样式"

2. 圆心、半径 圆心、直径 两点 三点 相切、相切、半径 相切、相切、相切

3. 三点 起点、圆心、端点 起点、圆心、角度 起点、圆心、长度 起点、端点、角度 起点、端点、方向 起点、端点、半径 圆心、起点、端点 圆心、起点、角度 圆心、起点、长度 继续

4. 按外接圆半径 按内切圆半径

5. REGION

二、思考题

（略）

三、上机操作

（略）

第3章

一、填空题

1. 世界坐标系（WCS） 用户坐标系（UCS）

2. 在命令行中输入DDUCS后按回车键 单击"菜单浏览器"按钮，在弹出的下拉菜单中单击"工具"|"命名UCS"命令

3. 直角坐标 极坐标 球坐标 柱坐标

4. 距离 面积 点坐标

二、思考题

（略）

三、上机操作

（略）

第4章

一、填空题

1. 平铺视口 浮动视口

2. 添加：选择对象 添加：拾取点

3. 预定义 用户定义 自定义

二、思考题

（略）

三、上机操作

（略）

第5章

一、填空题

1. MIRRTEXT

2. 偏移

3. 矩形阵列 环形阵列

4. 圆角

5. 复制 移动 拉伸 旋转 缩放

二、思考题

（略）

三、上机操作

（略）

第6章

一、填空题

1．单行文字　多行文字

2．插入点　文本样式　对齐　高度

3．尺寸界线　尺寸线　尺寸箭头　尺寸文字

4．设置尺寸标注样式　创建尺寸标注　标注形位公差　编辑尺寸标注

5．形状　轮廓　方向　位置　跳动

二、思考题

（略）

三、上机操作

（略）

第 7 章

一、填空题

1．要插入的块名　插入点的位置　插入的比例因子　图块的旋转角度

2．MINSERT

3．属性标志　属性提示　属性默认值　文字格式　属性在图中的位置　显示格式

4．另一幅外部图形

5．外部参照

二、思考题

（略）

三、上机操作

（略）

第 8 章

一、填空题

1．方向

2．XY 平面　XY 平面

3．旋转网格

二、思考题

（略）

三、上机操作

（略）

第 9 章

一、填空题

1．二维线框　三维线框　三维隐藏　概念　真实

2．布局　布局　布局

二、思考题

（略）

三、上机操作

（略）

新书推荐

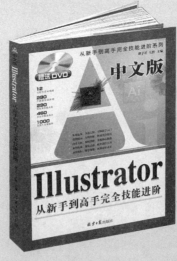

2017 年新书发布，推荐学习。阅读有益好书，能让压力减轻，能让烦恼止步，能让勇创有路，能让追求顺利，能让精神丰富，能让事业成功。快来读书吧！

（本系列丛书在各地新华书店、书城及淘宝、天猫、京东商城均有销售）

精品图书 推荐阅读

叶圣陶说过："培育能力的事必须继续不断地去做，又必须随时改善学习方法，提高学习效率，才会成功。"北京日报出版社出版的本系列丛书就是一套致力于提高职场人员工作效率的图书。本套图书涉及到图像处理与绘图、办公自动化及电脑维修等多个方面，适合于设计人员、行政管理人员、文秘等多个职业人员使用。

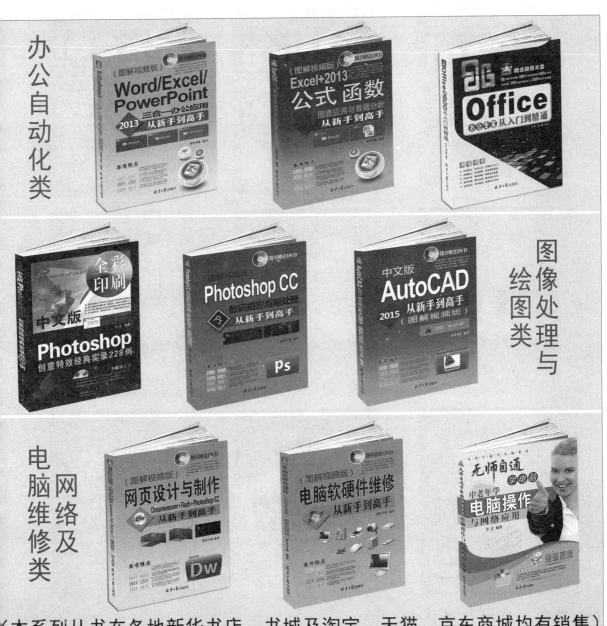

（本系列丛书在各地新华书店、书城及淘宝、天猫、京东商城均有销售）

精品图书 推荐阅读

　　"善于工作讲方法，提高效率有捷径。"办公教程可以帮助人们提高工作效率，节约学习时间，提高自己的竞争力。

　　以下图书内容全面，功能完备，案例丰富，帮助读者步步精通，读者学习后可以融会贯通、举一反三，致力于让读者在最短时间内掌握最有用的技能，成为办公方面的行家！